Зинаида Данкер

Публицистический текст автора в русской литературе

Зинаида Данкер

Публицистический текст автора в русской литературе

LAP LAMBERT Academic Publishing RU

Imprint
Any brand names and product names mentioned in this book are subject to trademark, brand or patent protection and are trademarks or registered trademarks of their respective holders. The use of brand names, product names, common names, trade names, product descriptions etc. even without a particular marking in this work is in no way to be construed to mean that such names may be regarded as unrestricted in respect of trademark and brand protection legislation and could thus be used by anyone.

Cover image: www.ingimage.com

Publisher:
LAP LAMBERT Academic Publishing
is a trademark of
International Book Market Service Ltd., member of OmniScriptum Publishing Group
17 Meldrum Street, Beau Bassin 71504, Mauritius

Printed at: see last page
ISBN: 978-3-8433-7316-6

Copyright © Зинаида Данкер
Copyright © 2017 International Book Market Service Ltd., member of OmniScriptum Publishing Group
All rights reserved. Beau Bassin 2017

ЗИНАИДА ДАНКЕР

ПУБЛИЦИСТИЧЕСКИЙ ТЕКСТ АВТОРА

В РУССКОЙ ЛИТЕРАТУРЕ

ОГЛАВЛЕНИЕ

Введение……………………………………………………………… 3

Часть 1 «От издателя» - вступительная часть «Повестей покойного И.П. Белкина». Единство достоверного и вымышленного плана

    1.1. Жанровые стандарты «От издателя». К проблеме «личность А.П.» …………………………………………………………………… 4

    1.2. Жанрово-стилистическое своеобразие «От издателя». К проблеме «личность И.П. Белкин»…………………………………… 11

    1.3. Примечания в структуре публицистического текста. К проблеме предтекстовой значимости «От издателя»……………………. 22

    1.4. Жанрово-стилистические возможности «От издателя». К проблеме «классика и беллетристика» …………………………… 28

Часть 2 «От издателя» - вступительное слово самоценного смыслового пространства «Судьба»

    2.1. Индивидуально-авторская языковая система как основа создания современных реалий в тексте жанра «от издателя»………………… 37

    2.2. Эстетическое значение слова в качестве жанрообразующего фактора смыслового единства …………………………………….45

    2.3. Малые формы смыслового пространства………………… 51

    2.4. Надпись как жанрообразующий фактор завершенности эстетически значимой структуры ……………………………….. 60

    Заключение……………………………………………………..... 66

    Список использованной литературы……………………………. 69

Введение

«От издателя» А.С. Пушкина остается тем произведением, которые вызывает многочисленные дискуссии в научной литературе. Среди спорных вопросов определяется осмысление функциональной значимости «личности издателя А.П.», «личности И.П. Белкина». Спорными остаются и проблемы касательно целостности «От издателя» и «Повестей И.П. Белкина».

Предлагаем собственное осмысление эстетической значимости единственного текста публицистического характера А.С. Пушкина, соотносимого с первым месяцем «первой Болдинской осени». Видятся возможности рассмотрение природы «От издателя», жанрово-стилистических особенностей текста, исходящих от слова А. Пушкина. Более того, в нашем представлении индивидуально-авторская языковая организация позволяет выявление развития эстетической ценности «От издателя» в качестве лида самоценного смыслового единства авторского многожанрового текстового пространства «сентября – ноября 1830 года».

В данной книге конкретизируется и расширяется материал, опубликованный в сборниках статей автора: «От издателя» А.С. Пушкина. Часть 1. Реальность и вымысел (LAP LAMBERT Academic Publishing RU. 2016); «От издателя» А.С. Пушкина. Часть 2. Эстетически значимая структура (LAP LAMBERT Academic Publishing RU. 2017).

Часть 1 «От издателя» - вступительная часть «Повестей покойного И.П. Белкина». Единство достоверного и вымышленного плана

1.1. Жанровые стандарты «От издателя». К проблеме «личность А.П.»

14-м сентября 1830 года А.С. Пушкин датировал свое произведение, получившее статус вступительного текстового пространства «Повестей И.П. Белкина». Вместе с тем, в нашем представлении «От издателя» является не только предтекстом последующего прозаического пространства, но и лидом самостоятельного эстетически значимого смыслового пространства, вбирающего в себя авторское многожанровое текстовое пространство.

Обращаемся к жанрово-стилистической природе «От издателя», адекватное описание которой возможно, с нашей точки зрения, исходя от индивидуально-авторской языковой организации текста. Именно лексико-стилистическая организация «От издателя» способна в нашем представлении осмыслить особенности данного текста, разрешить при этом и литературоведческие проблемы, определить жанровые возможности развития эстетической ценности «От издателя».

Общеизвестно: произведение АС. Пушкина «От издателя» отличается своей особой структурно-стилистической организацией. Протяженные жанровые формы текста связаны с участием в жанровой организации самостоятельных пространств различной стилистической принадлежности. В своем единстве смысловое содержание авторского текста публицистического характера вбирает в себя пространство «от издателя», текст частного письма («ответ от одного почтенного мужа»), примечание («Прим. Пушкина»).

Обращаемся к собственно публицистическим параметрам «От издателя», отражающим жанровые стандарты текста.

Следует отметить в связи с этим наличие ряда имеющихся научных точек зрения на смысловое пространство «от издателя», на «личность издателя А.П.».

Дело в том, что прослеживается стабильное отождествление «А.П.» с А.С. Пушкиным, считая «ограниченность издателя – это ироническая маска автора» (3: 539-541). При этом, «издатель» рассматривается как «ироническая противоположность наивного автора письма», как усилительный фон противопоставлений «комического смысла оценок и разъяснений ненарадовского помещика» (там же). С другой стороны, устоялась научная точка зрения, согласно которой «А.П. – это изображенная фиктивная фигура», «он не играет никакой роли в структуре точек зрения, определяющих повествование» (4: 50).

Прежде всего, положение о «не значимости» какого-либо образа в произведениях А.С. Пушкина, о «не играющей роли» смысловых пространств, при этом, не может вызвать согласие по своей сути, полагая обращение к уникальному мастеру слова.

Положение первое. Семантика единичного слова текстового пространства «от издателя» является «точкой отсчета» восприятия «личности издателя «А.П.».

В нашем представлении функциональная значимость отводится единичному слову: «ныне». Наречная лексика с семантикой «сейчас», «теперь» очерчивает адресата «От издателя»: «ныне публика». Видятся в этом плане действенные начальные строки текста: «Взявшись хлопотать об издании Повестей И.П. Белкина, предлагаемых ныне публике…» (1: 65).

Именно хронотоп «От издателя», обусловленный семантикой слова «ныне», определяем в качестве методологической основы осмысления значимости данного текстового пространства. «Точкой отсчета» становится «ныне публика»: читатель – современник А.С. Пушкина. В подобном случае речь идет о конкретном текстовом пространстве «от издателя», восприятие которого предназначено читателям начала 19 века.

«Ныне публике» (широкому кругу читателей начала 19 века) действия «издателя А.П.» выступают как реальные, закономерные: «взявшись хлопотать об издании», «мы желали», «обратились к ближайшей родственнице», «получили желаемый ответ», «помещаем его». Понятны этикетные речевые единицы: «приносим глубочайшую благодарность», «надеемся, что публика оценит».

Содержательное пространство «от издателя» воспринимается читателями данного времени как достоверное, правдивое, сообщающее о «хлопотах издания Повестей И.П. Белкина». Реалии приобретаемой информации исходят от реальной (для современников А.С. Пушкина) «личности издателя А.П.».

Положение второе. «От издателя» в своей жанрово-структурной организации имеет самоценное текстовое пространство, представляющее собой связное, целостное, завершенное повествование.

Смысловое пространство «от издателя» занимает начальные и конечные смысловые позиции текста, обрамляя «полученное письмо от одного почтенного мужа».

Повествование «от издателя» открывает повествование публицистического текста:

«Взявшись хлопотать об издании Повестей Ивана Петровича Белкина, предлагаемых ныне публике, мы желали к оным присовокупить хотя краткое жизнеописание покойного автора и тем отчасти удовлетворить справедливому любопытству любителей отечественной словесности. Для сего обратились было мы к Марье Алексеевне Трафилиной, ближайшей родственнице и наследнице Ивана Петровича Белкина; но, к сожалению, ей невозможно было нам доставить никакого о нем известия, ибо покойник вовсе не был ей знаком. Она советовала нам отнестись по сему предмету к одному почтенному мужу, бывшему другом Ивану Петровичу. Мы последовали сему предмету, и на письмо наше получили нижеследующий желаемый ответ. Помещаем его безо всяких перемен и примечаний, как драгоценный памятник благородного образа мнений и трогательного дружества, а вместе с тем, как и весьма достаточное биографическое известие» (1: 65-66).

Конечной речевой фразой «от издателя» выступает следующее высказывание:

«Почитая долгом уважить волю почтенного друга автора нашего, приносим ему глубочайшую благодарность за доставленные известия и надеемся, что публика оценит их искренность и добродушие. А.П.» (1: 69).

Завершенность текстового пространства сигнализируется препозиционными языковыми средствами, отражающими начальные действия «издателя» («Взявшись хлопотать об издании») и конечными инициалами, выступающими в качестве подписи («А.П.»), которые, в свою очередь, свидетельствуют законченность речевого высказывания.

При этом прослеживаются конкретные языковые средства, участвующие в организации связности и целостности данного текстового пространства. Функциональную значимость в плане организации связного и целостного текстового пространства выполняют в данном случае разнообразные языковые средства. Определяются начальные лексические средства со значением причинно-следственных отношений («Для сего»), передающие последовательность действия при единстве интересуемой темы («Мы последовали сему предмету», «Помещаем безо всяких перемен и примечаний»). Имеются и слова благодарности, связанные с «полученными известиями»: «приносим ему глубочайшую благодарность» и подпись: «А.П.».

Положение третье. Текст «От издателя» имеет самодостаточное пространство, отражающее нормы речевого высказывания в жанре «от издателя».

В соответствии с жанровой принадлежностью очерчиваемое нами текстовое пространство представляет собой небольшое речевое высказывание. Сохраняется традиционное смысловое наполнение. Короткая форма речевого высказывания сводится к кратким сведениям о предлагаемой публикации. Уместными оказываются и слова признательности, благодарности за оказанную помощь, выражение надежды на признание публикации читателями. Краткость восприятия усиливает подпись, оформленная инициалами: «А.П.». Тем самым, в краткой речевой форме приобретается информация касательно «хлопот об издании», завершающиеся словами благодарности.

Положение третье. Присутствие «издателя А.П.» обусловлено жанровыми стандартами текста.

Определяется вполне закономерное присутствие «издателя А.П.» только во вступительной части предполагаемого смыслового пространства («Повестей И.П. Белкина»). Присутствие «издателя» логично и уместно в тексте соответствующего жанра («от издателя»), не предполагая развитие образа в последующем повествовательном пространстве. В подобном случае не можем принять в качестве аргумента «фиктивности А.П.» следующее наблюдение: «существование издателя А.П. ограничивается только предисловием» (4: 307).

Положение четвертое. Текстовое пространство «от издателя» обусловливает конкретные функционально-стилистические средства выражения, предполагающие единство элементов книжной и разговорной речи.

Жанровая принадлежность текстового пространства «от издателя» определяет закономерные языковые единицы. Речь идет о переплетении элементов книжной разговорной речи на лексико-синтаксическом уровне.

В этом плане говорим, в частности, о глагольной форме разговорной речи «хлопотать». В единстве с элементами книжной речи, представляющими публицистический стиль, примыкающая разговорная форма видится уместной и действенной. Семантика данной лексической единицы понятная читателю, способна устанавливать доверительный тон повествования, играть роль организации диалогических форм общения «издатель – читатель».

Сохранение жанровых стандартов оформляется речевыми единицами книжной речи: личным местоимением множественного числа «мы» («мы желали», «обратились мы», «мы последовали совету»), глагольными формами множественного числа («получили желаемый ответ», «помещаем его», «нижеследующий желаемый ответ», «приносим благодарность», «за доставленные известия»).

Жанровым стандартам «от издателя» соответствует и возвышенная тональность повествования, создаваемая набором конкретных лексико-синтаксических средств. Так, на восприятие данной тональности направлена частотная устаревшая лексика, разнообразная в своем языковом представлении: «по сему предмету», «для сего»; «к оным»; «присовокупить», «уважить волю».

Обращает внимание наличие оценочной лексики, типичной текстам данного жанра, поддерживающей возвышенную тональность. Отмечаем в этом плане метафоричность языковых средств («как драгоценный памятник»), наличие лексики с положительной коннотацией («благородного образа мнений и трогательного дружества»), присутствие лексических единиц, отличающихся стилистически повышенной тональностью («почтенный друг», «глубочайшая благодарность»).

Приобретают контекстуально возвышенную тональность словосочетания, очерчивающие адресата последующего прозаического пространства: «любители отечественной словесности».

Обращает внимание концентрация подчеркнуто-вежливой тональности в едином речевом высказывании, завершающем повествование «от издателя». Видится и деепричастный оборот, и инверсию, и устаревшее словосочетание, и слова с положительной коннотацией: «Почитая долгом уважить волю почтенного друга автора нашего, приносим ему глубочайшую благодарность за доставленные нам известия и надеемся, что публика оценит их искренность и добродушие» (1: 67).

Прослеживается, вместе с тем, присутствие лексических единиц, создающих доверительный тон, экспрессивность восприятия: «искренность», «добродушие», «друг наш».

Текстовое пространство «от издателя», тем самым, краткое по своей форме в соответствии жанровым нормам, представлено богатым языковым пластом, которое отличается своей стилистической уместностью и функциональной направленностью. В данном случае речь идет не о «напыщенном канцелярском стиле», который «мало соответствует предмету» (4: 50).

Положение пятое. Текстовое пространство «от издателя» своим жанрово-языковым содержанием создает особый эмоциональный тон, соответствующий стилистическим нормам.

Существует мнение, что присутствие «издателя А.П.» создает эффект «комизма» и «абсурда» (4: 50).

Считаем, что следует говорить об эмоциональном тоне повествования «от издателя», связанном с тональностью памяти и поминания (при полном отсутствии какого-либо комизма или иронии). Свидетельством тому выступают лексика, эксплицитно передающая данную тональность: «покойный автор» («желали присовокупить жизнеописание покойного автора»), «покойник» («покойник вовсе не был ей знаком»). Имеется и метафорическое присутствие данной тональности: «как драгоценный памятник благородного образа мнений и трогательного дружества». Обращает внимание переплетение при этом прямого и переносного значений, книжной и разговорной речи. Подобное сочетание, несомненно, усиливает тональность памяти и поминания, связанную с «И.П. Белкиным». Тем самым, данная тональность повествования укрепляет разграничение «издатель А.П.» - «покойный автор И.П. Белкин», поддерживающее восприятие «ныне публики» (начала 19 века) достоверность «издателя А.П.».

Итак, «От издателя» в своей содержательной структуре имеет самодостаточное текстовое пространство, жанрово-языковая организация которого отражает общие параметры текстов данного функциональной значимости.

Языковое наполнение текстового пространства «от издателя» определяется исходной «точкой отсчета» восприятия данного смыслового содержания. В качестве данной «точки отсчета» выявляем авторское словосочетание «ныне публике» при участии наречного слова со значением времени.

Языковая организация «От издателя» направлена на восприятие с «точки зрения» широкого круга первых читателей «От издателя» (1830 год) «личности издателя А.П.» в качестве реального издателя «Повестей И.П. Белкина», инициалы которого завершают, соответственно, сообщение о «хлопотах издания».

В своем единстве содержательно-языковая организация текстового пространства «От издателя» направлена (при данной «точки отсчета») на восприятие достоверного повествования, на установление тональности памяти и поминания.

Таким образом, семантика словосочетания данного смыслового содержания (определяющей временные рамки адресата: «ныне публике») в единстве с жанрово-стилистической организацией «От издателя» (самоценное текстовое пространство «от издателя», соответствующее жанровым стандартам) ведет к пониманию «личности издателя А.П.». В основе разрешения литературоведческой проблемы оказывается семантико-стилистическая и жанрово-функциональная организация текста.

1.2. Жанрово-стилистическое своеобразие «От издателя». К проблеме «личность И.П. Белкин»

В осмыслении жанрово-стилистических особенностей «От издателя», прежде всего, вступает в силу предлагаемая нами «точка отсчета», в основе которой определяем временное пространство адресата, исходящее от семантического содержания слова. С «точки зрения «ныне публики» - широкого круга читателей начала 19 века - воспринимается «издатель А.П.», «хлопочущий об «издании Повестей И.П. Белкина».

Текстовое пространство «От издателя» своей структурной организацией отличается расширенными смысловыми параметрами. Внешние параметры «От издателя» расширяются, как известно, за счет развития функционально-стилистических характеристик. Выявляемое текстовое пространство «от издателя» обрамляет самоценное смысловое единство в жанре эпистолярного стиля, который, в свою очередь, имеет четкие начальные и конечные границы.

Так, речевые единицы частного письма установления контакта («от одного почтенного мужа») в своей структурно-содержательной организации вбирают обращение, сообщение о получении письма, сообщение о теме последующего смыслового пространства. Очерчивается следующее содержательное единство:

«Милостивый Государь мой! Почтеннейшее письмо получить имел я честь, в коем Вы изъявляете желание иметь подробное известие о времени рождении и смерти, о службе, о домашних обстоятельствах, а также и о занятиях и нраве покойного Ивана Петровича Белкина, бывшего моего искреннего друга и соседа по поместьям». И далее: «С великим моим удовольствием исполняю сие ваше желание и препровождаю к вам, милостивый государь мой, все, что из его разговоров, а также из собственных моих наблюдений запомнить могу» (1: 66).

Завершенность эпистолярного пространства сигнализируют, в свою очередь, этикетные единицы прерывания контакта, сообщающие о законченности высказывания, вбирающие в себя обращение:

«Вот милостивый государь мой, все, что мог я припомнить касательно образа жизни, занятий, нрава и наружности покойного соседа и приятеля моего» (1: 66).

Далее примыкает просьба с аргументацией:

«Но в случае если заблагорассудите сделать из сего моего письма какое-либо употребление, всепокорнейше прошу никак имени моего не упоминать; ибо, хотя я весьма уважаю и люблю сочинителей, но в сие звание вступить полагаю излишним и в мои лета неприличным» (1: 69).

Завершается письмо речевым выражением, представляющим «прощание»: «С истинным моим почтением и пр.» (1: 69).

Вместе с тем, эпистолярное пространство «От издателя» вбирает в себя внешние признаки текста данного жанра. Имеется дата, место написания письма: «1830 году Ноября 16, Село Ненарадово» (1: 69).

Итак, «От издателя» отличается расширением жанровым возможностей текстов подобного жанра. Жанрово-стилистические особенности, при этом, представлены участием самостоятельного эпистолярного пространства в жанре текста частного письма.

При самостоятельности каждого из двух пространств – «от издателя» и текста письма – видится их неразрывное единство и целостность. Появление письма «от одного почтенного мужа» определяется установкой «от издателя», обуславливается его «хлопотами об издании»:

«Для сего обратились было мы к Марье Алексеевне Трафилиной, ближайшей родственнице и наследнице Ивана Петровича Белкина; но, к сожалению, ей невозможно было нам доставить никакого о нем известия, ибо покойник вовсе не был ей знаком. Она советовала нам отнестись по сему предмету к одному почтенному мужу, бывшему другом Ивану Петровичу. Мы последовали сему предмету» (1: 65).

Далее неразрывно в ткань повествования вплетается сообщение, выступающее выражением-связкой с последующим письмом. Обращает внимание при этом присоединительный союз:

«и на письмо наше получили нижеследующий желаемый ответ. Помещаем его без всяких перемен и примечаний, как драгоценный памятник благородного образа мнений и трогательного дружества, а вместе с тем, как и весьма достаточное биографическое известие» (1: 66).

В свою очередь, к завершающимся строкам письма примыкают слова благодарности «за доставленные известия», исходящие «от издателя» и укрепляющие целостность и связность «От издателя»:

«Почитая долгом уважить волю почтенного друга автора нашего, приносим ему глубочайшую благодарность за доставленные известия и надеемся, что публика оценит их искренность и добродушие. А.П.» (1: 69).

Определяемые формы самостоятельного текстового пространства в жанре текста частного письма ведет, соответственно, к погружению его содержательную структуру. Суть смыслового содержания эпистолярного пространства устанавливается «от издателя», подтверждается речевыми единицами установления контакта письма, укрепляя, тем самым, целостность и связность единого текстового пространства. Так, сообщение «от издателя» начинается информацией: «Взявшись хлопотать об издании Повестей И.П. Белкина», мы желали присовокупить жизнеописание покойного автора» (1: 66). Обращает внимание единство речевого выражения, передающее «желание издателя» единого текстового пространства: «Повестей И.П. Белкина» и «жизнеописания покойного автора». Более того, эффект установки на восприятие данного единства усиливает императивная форма «присовокупить», поддерживающая с точки зрения читателя 19 века тональность возвышенную, выступая в качестве языковой единицы книжной речи.

Интересно, смысловое содержание «жизнеописания» в качестве повествовательного пространства раскрывается в речевых единицах установления контакта текста письма, демонстрируя типичную тенденцию взаимосвязи конечных строк «от издателя» и начальных «от одного почтенного мужа». Устанавливается восприятие на «жизнеописание», предполагающего изложение как общих, так и частных фактов «жизни». «Жизнеописание покойного автора» предполагает в данном случае «подробное известие о времени рождения и смерти, о службе, о домашних обстоятельствах, также и о занятиях и нраве покойного Ивана Петровича Белкина» (1: 66).

«Жизнеописание» в качестве повествовательного жанра предполагает, вместе с тем, достоверность излагаемых фактов. В связи с этим актуальность приобретают имена, имена-отчества, фамилии, номинации социальных ролей, указывающие источник информации «жизнеописания», сообщаемый «от издателя». В предваряющем текст письма высказывании читатель приобретает в этом плане конкретную информацию:

«Для сего обратились было мы к Марье Алексеевне Трафилиной, ближайшей родственнице и наследнице Ивана Петровича Белкина».

Далее:

«Она советовала нам отнестись по сему предмету к одному почтенному мужу, бывшему другом Ивану Петровичу» (1: 65).

Достоверность информации оформляется и при указании на близкие дружеские отношения автора письма и «покойного автора», получаемые в этикетных речевых единицах эпистолярного стиля: «Вы изъявляете свое желание иметь подробное известие» о «Иване Петровиче Белкине, бывшего моего искреннего друга и соседа по поместьям».

Доверие читателя, при этом, укрепляется фактом получения «жизнеописания» от лица, вызывающего уважение, почтение. «Издатель» сообщает получение информации «от почтенного мужа». Данная «почтенность» возраста фиксируется и в письме при прерывании контакта при просьбе к «издателю»:

«Но в случае, если заблагорассудите сделать из моего письма какое-либо употребление, всепокорнейше прошу никак имени моего не упоминать; ибо, хотя я весьма и уважаю и люблю сочинителей, но в сие звание вступить полагаю излишним и в мои лета неприличным» (1: 68-69).

Правдивость «жизнеописания покойного автора» укрепляет оформление информации от «первого лица», из «первых рук». Функциональную значимость сохраняют при этом речевые единицы установления и прерывания контакта текста письма:

«Препровождаю, что из его разговоров, а также из собственных моих наблюдений запомнить могу» (1: 66).

Усилению правдивости повествования способствует указание характера отношений с «покойным автором»:

«Вот, что мог припомнить касательно покойного соседа и друга моего» (1: 68).

Значимым становится замечание «от издателя» о «первоисточнике» информации: «Помещаем безо всяких перемен и примечаний» (1: 66).

Установка на восприятие правдивого изложения «жизнеописания покойного автора», создаваемого постоянным переплетением текстового пространства «от издателя» и этикетных речевых выражений, очерчивается двукратным присутствием языковой единицы, семантика которой укрепляет достоверность излагаемых фактов. Начальное и конечное пространство «от издателя» содержит указание на «известия», предполагающие реальную основу «жизнеописания».

Первоначально раскрывается суть смыслового содержания «жизнеописания»: «Помещаем как биографическое известие» (1: 66).

Конечные благодарственные слова «от издателя» подтверждают факт правдивости и достоверности «жизнеописания» («биографического известия»): «Приносим глубочайшую благодарность за доставленные известия» (1: 69).

В соответствии с жанром «жизнеописания» текст частного письма последовательно раскрывает «биографические известия И.П. Белкина» от его рождения до смерти. Имеется информация касательно «родителей «Ивана Петровича Белкина», «вступления в службу», «вступления в управления имением».

Очерчиваются конкретные известия, пронизанные датами, именами, отчествами, фамилиями, различными номинациями, которые организуют достоверность информации. В подобном смысловом содержании участвуют языковые средства в прямом семантическом значении при наличии элементов книжной речи:

«Иван Петрович Белкин родился от честных и благородных родителей в 1798 году в селе Горюхине. Покойный отец его, секундант-майор Петр Иванович Белкин, был женат на девице Пелагее Гавриловне из дому Трафилиных. Он был человек небогатый, но умеренный, и по части хозяйства весьма смышленый. Сын их получил первоначальное образование от деревенского дьячка. Сему-то почтенному мужу был он, кажется, обязан охотою к чтению и занятиям по русской словесности. В 1815 году вступил он в службу в пехотный егерский полк (числом не упомню), в коем и находился до самого 1823 года. Смерть его родителей, почти в одно время приключившаяся, понудила его подать в отставку и приехать в село Горюхино, свою отчину» (1: 66).

«Иван Петрович осенью 1828 года занемог простудною лихорадкою, обратившеюся в горячку, и умер, несмотря на неусыпные старания уездного нашего лекаря, человека весьма искусного, особенно в лечении закоренелых болезней, как-то мозолей и тому подобного. Он скончался на 30-м году от рождения и похоронен в церкви села Горюхина близ его родителей» (1: 68).

Фокусируется внимание читателей, в частности, скобочной конструкцией, уточняющей сведения о «егерском полку» «(числом не упомню»), поддерживающей правдивость изложения от первого лица.

Бытовые реалии в прямом номинативном значении сохраняет «жизнеописание Ивана Петровича Белкина», сопутствующие «домашние обстоятельства». Появляется лексика обиходно-бытовой сферы общения, уместной в тексте частного письма. Примерами устойчивого наличия обиходно-бытовой лексики выступает, в частности, следующее содержательное пространство:

«Сменив исправного и расторопного старосту, коим крестьяне его (по их привычке были недовольны), поручил он управление села старой своей ключнице»; «С тех пор перестал я вмешиваться в его хозяйственные распоряжения и передал его дела (как и он сам) распоряжению всевышнего». Или: «оставил множество рукописей, которые частию у меня находятся, частию употребены его ключницею на разные домашние потребы». Также: «более двух третей оброка платили орехами, брусникою, и тому подобным; и тут были недоимки». Или: «по счетам оказалось, что в последние два года число крестьян умножилось, число же птиц и домашнего скота нарочито уменьшилось» (1: 67).

Типичным становится присутствие элементов делового стиля речи, характеризующегося точностью, правдивостью изложения фактов; распространение скобочных вставок, содержательное наполнение которых направлено по своей природе на уточнение, конкретизацию фактов, на усиление восприятия реального повествовательного плана. Имеется в виду в данном случае следующее уточнение:

«сменив исправного и расторопного старосту, коим крестьяне его (по их привычке) были недовольны» (1: 66).

В рамках жанровых норм «жизнеописания» и частного письма «биографические известия покойного автора» сообщаются посредством единства книжной и разговорной лексики, в том числе и оценочной стилистически сниженной обиходно-бытовой ситуации:

«Сия глупая старуха не умела различать двадцатипятирублевой ассигнации», «им выбранный староста им потворствовал, плутая заодно» (1: 66).

«Биографические известия» касательно «нрава покойного Ивана Петровича Белкина» сопровождаются оценочной лексикой. Сохраняется при этом тенденция участия скобочных конструкций. В данном случае подобные синтаксические конструкции приобретают оценочный план, конкретизируя «нрав Ивана Петровича»:

«Иван Петрович вел жизнь самую умеренную, избегал всякого рода излишеств; никогда не случалось мне видеть его навеселе (что в краю нашем за неслыханное чудо почесться может); к женскому же полу имел он великую склонность, но стыдливость была в нем истинно девическая» (1:67).

Художественно-образные средства фокусируются в портрете Ивана Петровича:

«Иван Петрович был росту среднего, глаза имел серые, волосы русые, нос прямой; лицом был бел и худощав» (1:67).

Частное письмо дает возможность участия особого стилистического приема, направленного на усиление достоверности фактов. Имеется в виду повествование от «первого лица». Эксплицитное присутствие личного местоимения «я» присутствует, в частности, при указании старых дружеских отношений с семьей. Личное местоимение «я» сопутствует оценочным высказываниям автора письма. В любом случае сообщение «биографических известий покойного автора» от лица «одного почтенного мужа», «бывшего другом Ивану Петровичу» сохраняют достоверность всем излагаемым фактам, поддерживая тональность памяти и поминания, установленную «от издателя». Вспомним:

«Быв приятель покойному родителю Ивана Петровича, я почитал долгом предлагать и сыну свои советы»; «Я, соболезнуя его слабости и пагубному нерадению, общему нашим молодым дворянам, искренне любил Ивана Петровича»; перестал я вмешиваться в его хозяйственные распоряжения»; «Он скончался на моих руках» (1:67).

Текст частного письма обусловливает и присутствие языковых единиц, устанавливающих полноту повествования и фиксирующих законченность повествования. Этикетные речевые единицы установления и прерывания контакта демонстрируют свою значимость в организации правдивости, обрамляя «жизнеописание» двукратным присутствием местоимения «все».

«Препровождаю все, что из его разговоров, а также из собственных моих наблюдений запомнить могу» (1: 66). «Вот, все, что я мог припомнить касательно образа жизни, занятий и нрава покойного соседа и приятеля моего» (1: 68).

Биографические факты И.П. Белкина пронизаны «известиями», ведущими к появлению тональности сожаления, горечи утраты, создавая, в свою очередь, экспрессивность восприятия «жизнеописания». Имеется сообщение о «смерти его родителей, почти в одно время приключившейся». Присутствует факт тяжелой болезни («занемог простудною лихорадкою, обратившуюся в горячку»), «тщетных стараниях опытного врача» («лекаря искусного»). Вызывает сожаление, горечь ранней «кончине на 30-м году» самого Ивана Петровича.

Экспрессивность восприятия «жизнеописания И.П. Белкина» обусловливает и вызываемый интерес к личности Ивана Петровича: современника читателей («ныне публики» 19 века). Поддерживает данный интерес современные (для данного читателя) фокусируемые даты получения и написания письма:

«Милостивый государь мой ххх! Почтеннейшее письмо Ваше от 15-го сего месяца получить имел я честь 23 сего же месяца» (1: 66). «С истинным моим почтением и пр. 1830 году Ноября 16» (там же: 69).

Подобные речевые единицы установления и прерывания контакта понятны и известны читателю; их содержательное наполнение и языковое выражение активны в репродуктивном плане эпистолярного общения.

Итак, «От издателя» имеет языковой сигнал, указывающий на адресата и время восприятия текста. Языковое оформление «Ныне публике» читаем «точкой отсчета» восприятия «От издателя».

С точки зрения широкого круга читателей начала 19 века в качестве жанрово-стилистической особенности «От издателя» вбирает в себя самостоятельное эпистолярное пространство в жанре текста частного письма, смысловым содержанием которого выступает «жизнеописание И.П. Белкина».

В единстве с текстовым пространством «от издателя», в целостности с языковой организацией данное «жизнеописание» направлено на восприятие правдивых биографических сведений современника читателей начала 19 века: И.П. Белкина.

Одной из возможностей создания правдивых «биографических известий» выступает «от издателя А.П.» текст частного письма. Достоверность полученных сведений отмечается «издателем А.П.» указанием «помещаем безо всяких перемен и примечаний». Данная помета приобретает значимость языковой скрепы двух текстовых пространств: «от издателя», «от одного почтенного мужа».

Правдивость «биографических известий» создает предваряющее текст письма сообщение «от издателя А.П.». «Издатель» ссылается на источники полученных известий. Имеются номинации лиц, социальных ролей, выступающие как фактические данные.

«Хлопоты об издании Повестей И.П. Белкина» соотносятся с «хлопотами», направленными на приобретение «издателем А.П.» правдивых сведений касательно «жизнеописания покойного автора».

Сравним имеющуюся в научной литературе противоположную точку зрения, согласно которой видится «столь умеренно компетентный издатель»

(Шмид. 1999: 307): « «Издатель» выступает отнюдь не в качестве профессионального сочинителя, способного суверенно распоряжаться своим материалом и хотя бы отчасти удовлетворить «справедливое любопытство любителей отечественной словесности» (Шмид. 1999: 307).

«Своей некомпетентностью издатель способствует созданию в предисловии атмосферы абсурда, когда он, например, передает письмо ненарадовского помещика, не обозначая ни малейшей дистанции. Единственная купюра лишь увеличивает невольный комизм» (Шмид. 1999: 307).

Вызывает сомнение пушкиноведов и «выстроенность» письма «ненарадовского помещика» (Шмид. 1999: 307).

Однако, частное письмо «от одного почтенного мужа» воспроизводится по всем нормам текста данного жанра, цельности и связности речевого высказывания. Письмо имеет соответствующие этикетные языковые единицы, устанавливающие и прерывающие контакт с «издателем А.П.». Последующее повествование соотносится с устанавливаемой темой письма. Приводятся фактические данные с указанием дат, собственных имен «биографические известия»: «время рождения», «служба», «домашние обстоятельства». Далее «жизнеописание» наполняется реалиями помещичьей жизни, обиходно-бытовой ситуации. Приобретает читатель сведения о «занятиях и нраве покойного Ивана Петровича». Имеется сообщение о «смерти» с указанием даты «кончины», ее причины, место захоронения. Завершается «жизнеописание» внешним обликом «покойного автора» (при закономерном участии лексики в прямом номинативном значении и художественно-образных средств).

Вместе с тем, «От издателя» имеет и третье самостоятельное текстовое пространство (примечания), требующее осмысления функциональной значимости в содержательной структуре текста (при сохранении «точки отсчета»).

1.3. Примечания в структуре публицистического текста. К проблеме предтекстовой значимости «От издателя»

«От издателя» А.С. Пушкина имеет самодостаточное текстовое пространство, разграничиваемое читательским восприятием на уровне внешних параметров текста. Говорим об известных «примечаниях» «От издателя», жанрово-языковая организация которых обладает, с нашей точки зрения, ведущей ценностью в развитии эстетической значимости данного авторского текста. Обращаемся к «примечаниям» «От издателя», очерчивая, прежде всего, интересуемое текстовое пространство. Имеется два примечания:

«Следует анекдот, коего мы не помещаем, полагая его излишним, впрочем, уверяем читателя, что он ничего предосудительного памяти Ивана Петровича Белкина в себе не заключает. (Прим. Пушкина.)»

«В самом деле, в рукописи г. Белкина над каждой повестию рукою автора надписано: слышано мною о такой-то особы (чин или звание и заглавие буквы имени и фамилии). Выписываем для любопытных изыскателей: «Смотритель» был рассказан ему титулярным советником А.Г.Н., «Выстрел» подполковником И.Л.П., «Гробовщик» приказчиком Б.В., «Метель» и «Барышня» девицею К.И.Т. (Прим. Пушкина.)» (1: 68).

Примечания по своей жанровой природе предназначены на конкретизацию излагаемых фактов, на расширение имеющихся сообщений. Наличие подобного делового стиля в ткани повествования демонстрируют несомненное развитие индивидуально-авторских характеристик текста жанра «от издателя». «Примечания» в текстовом пространстве «От издателя» закономерно связано с повествованием «жизнеописания» в форме частного письма. В раках жанрово-стилевых норм «примечания» предполагают автора излагаемой информации. В данном случае двукратно в единстве двух примечаний указывается фамилия автора примечаний. Сохраняя деловой стиль, имеется помета: «(Прим. Пушкина)».

Определяется четырехкратная действенность имеющейся краткой речевой формы. В единстве «примечания» «От издателя» организуют «многоголосье», укрепляют экспрессивность восприятия текста, создают целостность жанрово-смыслового повествования, развивают достоверность повествования.

В смысловое содержание «жизнеописание» от лица «одного почтенного друга» вплетается голос автора «примечаний» (Пушкина).

Появление фамилии «Пушкина» в «примечаниях», известного «ныне публике» (читателям 30-х годов 19 века) как автора опубликованных поэтических произведений, ведет к формированию особого экспрессивного эффекта восприятия. Фамилия известного поэта в «примечаниях» «От издателя» формирует доверие к приобретаемой информации, восприятие сообщений от лица «Пушкина» в качестве достоверной и правдивой, направленной на расширение биографических сведений об Иване Петровиче Белкине.

«Примечания Пушкина», оформленные на уровне самодостаточного смыслового содержания, неразрывно связаны с «домашними обстоятельствами И.П. Белкина». При этом «примечания» своим содержанием касаются пояснений частного письма от «одного почтенного мужа», заявленного, в свою очередь, в текстовом пространстве от лица «издателя». «Примечания», тем самым, связывает как жанрово-стандартные стилевые образцы «От издателя», так и вплетаемые индивидуально-авторские черты.

Достоверность восприятия примечаний усиливает, вместе с тем, стилистический прием, устанавливающий диалог с читателем. В качестве подобных прагматических единиц оформляются слова-уверения, пронизывающие примечания. В качестве прагматических речевых единиц «уверяем читателя», «в самом деле».

Смысловое содержание оформленных «примечаний» отражают неразрывное единство, отражающее связь, прежде всего, внутри «От издателя». Так, первое примечание развивает повествование, связанное с личностными характеристиками И.П. Белкина. Содержательное пространство «примечания» завершает следующую информацию:

«Иван Петрович вел жизнь самую умеренную, избегал всякого рода излишеств; никогда не случалось мне видеть его навеселе (что в краю нашем за неслыханное чудо почесться может); к женскому же полу имел он великую склонность, но стыдливость была в нем истинно девическая» (1: 68).

Далее: «Следует анекдот, коего мы не помещаем, полагая его излишним, впрочем, уверяем читателя, что он ничего предосудительного памяти Ивана Петровича Белкина в себе не заключает. (Прим. Пушкина.)» (там же).

Обращает внимание стилевое многообразие краткого примечания. На восприятие содержание направлено единство разговорной и книжной речи. Приметами данной связи выступает присутствие «анекдота» в качестве образца устной разговорной речи и лексико-синтаксическая организация (семантика глагольных форм, оценочного прилагательного, деепричастный оборот), отражающая книжный стиль речи. Присутствие разговорной речи в жанре примечания отмечаем, при этом, в качестве индивидуально-авторских параметров жанра «примечания».

Замечаем особую роль примечания в контексте авторского смыслового целого. Примечание, как показывает лексическая организация, способна развивать особую тональность: тональность памяти, поминания, почтения, установленную текстовым пространством «от издателя».

Особую ценность приобретает второе примечание «От издателя». Конечно, во-первых, примечание расширяет смысловое содержание «жизнеописания» И.П. Белкина, соотносимое с бытовыми реалиями, конкретизирует информацию, расширяет достоверную основу повествования:

«Кроме повестей, о которых в письме вашем упоминать изволите, Иван Петрович оставил множество рукописей, которые частию у меня находятся, частию употреблены его ключницею на разные домашние потребы. Таким образом, прошлою зимою все окна ее флигеля заклеены были первою частию романа, которого он не кончил. Вышеупомянутые повести были, кажется, первым его опытом. Они, как сказывал Иван Петрович, большею частию справедливы и слышаны им от разных особ» (1: 68).

Правдивость излагаемых событий развивает ссылка на «Ивана Петровича», ведущая к развитию «примечаний»:

«Они, как сказывал Иван Петрович, большею частью справедливы и слышаны им от разных особ» (там же).

Следует уточнение «примечания»:

«В самом деле, в рукописи г. Белкина над каждой повестию рукою автора надписано: слышано мною о такой-то особы (чин или звание и заглавие буквы имени и фамилии)» (там же).

В качестве прагматических языковых единиц, развивающих достоверность повествования, оформляется ссылка на место приобретения информации («в рукописи г. Белкина»), источник информации («слышано мною», «чин и звание», «буквы имени и фамилии») в единстве с препозиционным уверением («в самом деле»). Второе примечание разворачивается в стиле официально-делового стиля, соответствующего темы высказывания («повести», «рукопись»). Появляется официальная номинация «г. Белкин», предполагающая также достоверность фактов.

Примыкающие речевые единицы «примечания» с апеллятивной функцией языка (а тем самым, имеющие прагматическую установку) – «Выписываем для любопытных изыскателей» - сообщает «особ», от «кого слышаны Повести» относительно названиям каждой из них.

Читатель приобретает конкретную установку:

«Выписываем для любопытных изыскателей (чин или звание и заглавные буквы имени и фамилии)»: «Смотритель» был рассказан ему титулярным советником А.Г.Н., «Выстрел» подполковником И.Л.П., «Гробовщик» приказчиком Б.В., «Метель» и «Барышня» девицею К.И.Т. (Прим. Пушкина.)» (1: 68).

Очерчиваются новые стилистические приемы, направленные на развитие реалистического смыслового содержания. Четырехкратная номинация лиц, оформленная с участием «чина и звания», инициалов предполагает развитие смыслового пространства, имеющую реальную основу, услышанную от конкретных «особ».

Более того, устанавливается непосредственное единство текстового пространства «От издателя» - «Повести И.П. Белкина». Определяются с точки зрения «ныне публики» (читателя 30-х годов 19 века) действующие лица «Повестей И.П. Белкина». Это: «издатель А.П.», «Пушкин»; «покойный автор И.П. Белкин», «Иван Петрович Белкин», «г. Белкин»; «особы», от которых «слышаны Повести»: «титулярный советник А.Г.Н.», «подполковник И.Л.П.», «приказчик Б.В.», «девица К.И.Т.».

Выявляется значимость данного «примечания» в организации смыслового содержания «Повестей И.П. Белкина», имеющего конкретного повествователя. Присутствие героя-повествователя («я») отличает «Станционного смотрителя» и «Выстрел». Интересно, «особы» в качестве рассказчиков данных «Повестей» имеют особую номинацию учетом скобочной конкретизации по отношению других «особ».

Социальный статус «станционный смотритель», «подполковник», а также имеющиеся «заглавные буквы имени и фамилии», соотносимые с именем, отчеством и фамилией, не только конкретизируют данных «особ», но и вызывают доверие при уважительной тональности.

Восприятие И.П. Белкина, особ» (при присутствии «Пушкина») в качестве реальных лиц ведет к особому плану восприятия сообщаемых сюжетных линий «Повестей», героев, их действий. Речь идет о правдивой основе ситуаций последующего прозаического пространства.

Итак, самодостаточное текстовое пространство в форме примечаний, соотносится с деловым стилем, приобретая функциональную значимость как относительно «От издателя», так и на уровне связей с «Повестями И.П. Белкина». Смысловое содержание «примечаний», его языковая организация определяет цельность и связность стилевого многообразия «От издателя», расширяя биографические известия о личностных качествах И.П. Белкина и о «домашних обстоятельствах».

Содержательное пространство «примечаний», конкретизируя информацию «жизнеописания» касательно «рукописей Ивана Петровича», устанавливает межтекстовые связи с «Повестями И.П. Белкина». Определяются повествовательные «голоса» прозаического единства. «Станционный смотритель» и «Выстрел», отличающиеся повествованием от первого лица, приобретают в качестве героя - «я» двух «особ»: соответственно, «титулярный советник А.Г.Н.» и «подполковник И.Л.Г.»

Точка зрения «ныне публика» (время настоящее: 30-е годы 19 века) определяет восприятие смыслового содержания «От издателя» как правдивое содержательное пространство в качестве вступительной части «Повестей И.П. Белкина». Восприятие личности «издателя А.П.» и его «хлопот об издании Повестей», личности «покойного автора И.П. Белкина» и его биографии, личностей «особ», от которых «слышаны Повести» в реальном плане, ведет к особому созданию реальности в прозаическом целом. Ситуации, герои, поступки приобретают характер реально развивающихся, ведя к созданию реализма «Повестей И.П. Белкина».

Следует отметить, что в современной научной литературе творческий путь А.П. Пушкина периода «первой Болдинской осени» (сентябрь – ноябрь 1830) соотносится с «поворотом к реализму» (Лотман. 1995). Оценивая данный период автора, отмечается: «Здесь новые принципы пушкинского реализма получили полное раскрытие» (Лотман. 1995: 201).

В «Повестях И.П. Белкина» видится при этом «игра чужим словом», «многоликость повествователя», «глубокая ирония стиля» (Лотман. 1995: 201). Утверждается: «Новый период русской прозы должен был «свести счеты» с предшествующим: Пушкин собрал в «Повестях Белкина» как бы сюжетную квинтэссенцию прозы карамзинского периода и, пересказ ее средствами своего нового слога, отделил психологическую правду от литературной условности. Он дал образец того, как серьезно и точно литература может говорить о жизни и иронически-литературно повествовать о литературе» (Лотман. 1995: 201).

Высказывается положение и о «неопределенном Белкине», и о «ограниченном авторе письма», и об «издателе А.П.», который «как и два первых образа не играет никакой роли в структуре точек зрения, определяющих повествование» (Шмид. 1996: 50).

Однако, «От издателя» в качестве предтекста «Поветей И.П. Белкина» имеет языковой сигнал, указывающий на первых читателей прозаического пространства («ныне публика» начала 19 века), фокусируя, тем самым, дошедший до нас старинный памятник культуры. Содержательно-языковая структура предтекста пяти повестей направлена на восприятие правдивого последующего повествования («издателем А.П.»), автором которого является И.П. Белкин.

Вместе с тем, определяемая «точка отсчета», предполагающая адресата («ныне публика»), ведет к последующему плану осмысления текстового пространства «От издателя» с учетом очерчиваемого хронотопа.

1.4. Жанрово-стилистические возможности «От издателя». К проблеме «классика и беллетристика»

Устанавливается «точка отсчета» восприятия «От издателя», предполагающая широкий круг читателей конкретного временного периода (первые читатели начала 19 века), определяемая на основе языкового сигнала текста: «ныне публика». В подобном случае функционально-стилистическое многообразие «От издателя», жанрово-языковое содержание направлено на восприятие правдивого повествования, на разграничение реальных лиц: «издателя А.П.» («издателя Повестей И.П. Белкина»), «покойного автора повестей» («Ивана Петровича Белкина»).

Обнаруживаются свидетельства, подтверждающие творческий замысел А.С. Пушкина создания «личности издателя А.П.» в качестве самостоятельно-достоверного образа «От издателя», имеющего развитие восприятия с учетом временных рамок читателя. Имеется в виду установка А.С. Пушкина на анонимность издания «Повестей И.П. Белкина». Близкому другу А.П.

Плетневу в письме от 9 декабря 1830 года А.С. Пушкин сообщает: «Скажу тебе (за тайну) что я в Болдине писал, как давно уже не писал» (2: 133). И далее: «(Весьма секретное). Написал я 5 повестей, от которых Баратынский ржет и бьется – и которые напечатаем также Anonyme» (там же).

Итак, «От издателя» имеет особое выражение хронотопа, обусловленное авторской языковой организацией. Обнаруживаемая в тексте «точка зрения» восприятия смыслового содержания определяет возможности эстетической действенности «От издателя» в нескольких временных пластах. Появляется возможность осмысления данного смыслового пространства и с нашей «точки зрения» (читателя 21 века).

Для нас «От издателя» есть уникальное произведение А.С. Пушкина публицистического характера, представляя образец индивидуального стиля автора. Суть в том, в нашем восприятии данное авторское произведение демонстрирует расширение жанровых возможностей текста при стилевом многообразии и его единстве, при разнообразии языкового содержания и его функциональной значимости. Нами воспринимается «От издателя» А.С. Пушкина в качестве отражения индивидуального стиля писателя, мастерство которого направлено на создание правдоподобного смыслового содержательного пространства, лежащего в основе художественного вымысла.

При этом видится творческий замысел А.С. Пушкина на расширение читательской «публики» «От издателя»: «мы желали удовлетворить справедливому любопытству любителей отечественной словесности» (1: 66). «Любители отечественной словесности» (знатоки, профессионалы) определяют новый уровень восприятия смыслового содержания «От издателя», полагая погружение в семантико-стилистическую систему автора, в описании тенденций, закономерностей, ведущих к познанию особенностей индивидуального стиля А.С. Пушкина.

В этом плане отмечаем, прежде всего, единство стилевого многообразия в создании текста публицистического характера. Понимаем при этом «индивидуальное» как целостность «общего» и «особенного» (Ларин Б.А., Потебня Д.М.).

В создании «От издателя» очерчиваются три самостоятельных текстовых пространств, представляющие разнообразные сферы общения. Выделяются самодостаточные смысловые единства жанра «от издателя», «примечание», текста частного письма. Каждое из данных формообразующих единств имеет собственное смысловое содержание, направленное на создание единого авторского текста.

Текстовое пространство «от издателя» сообщает о «хлопотах издателя А.П.» касательно «издания Повестей И.П. Белкина» («желание присовокупить жизнеописание покойного автора»), высказывает благодарность за полученные известия, выражает надежду на возможный интерес к ним со стороны читателей.

Текст частного письма «от одного почтенного мужа» представляет «жизнеописание покойного автора» («желаемое издателем»). «Примечания Пушкина» в качестве примечаний «издателя А.П.» расширяет информацию о «Поветях И.П. Белкина», сообщая имена тех, «от кого были услышаны повести».

Трехкратное переплетение функционально-стилевых разновидностей современного литературного языка обусловливает многообразный состав языковых средств, выступающих функционально значимыми в создании с точки зрения нашего восприятия правдоподобия, вымысла «От издателя»

Краткое по своей форме речевое высказывание «от издателя» отличается богатым языковым материалом.

Жанрово уместной оказывается в текстовом пространстве «от издателя» лексика в прямом номинативном значении и метафорично оформленные высказывания. Прямое номинативное значение сопутствует устанавливаемому мотиву, а также предлагаемому смысловому содержанию и номинациям социальных ролей (издание, биографическое известие, родственница). В единстве с подобной лексикой фокусируется метафоричность оценки последующего «жизнеописания» («как драгоценный памятник»).

В рамках обще жанровых норм «от издателя» находится устойчивая лексика с положительной коннотацией (друг, благодарность). Отвечает жанровым нормам распространенные оценочные языковые единицы с положительной коннотацией (почтенный муж, благородный образ мнения, трогательное дружество).

При этом в качестве устойчивой тенденции организации повествования «от издателя» определяется единство стилистически нейтральных языковых средств, стилистически окрашенных и контекстуально приобретающих стилистически возвышенную тональность. Сохраняет возвышенную тональность наречное «ныне», устанавливаемое хронотоп восприятия (БТС. 1998: 620). Окрашиваются стилистически повышено частотные устаревшие слова (для сего, по сему, к оным, ибо, сему), а также языковые средства, очерчивающие адресата (публика, любители отечественной словесности).

Интересным оказывается приобретение стилистически повышенной тональности лексикой разговорной, не типичной текстам жанра «от издателя». В единстве с деепричастием разговорная лексика начинает повествование «от издателя»: «взявшись хлопотать». В современном русском литературном языке известна как элемент разговорной речи и императивная форма «присовокупить» (БТС. 1998: 990). Состав разговорной речи расширяет и разговорное «хотя» в качестве оценочного в словосочетании «хотя краткое жизнеописание». Вводит элементы разговорной речи наличие и личного местоимение «она» («она советовала»).

Семантико-синтаксическая организация текстового пространства «от издателя», соответствуя жанровым нормам, представляя собой примеры книжной речи (деепричастные обороты, обратный порядок слов, семантико-стилистические слова и словосочетания): «помещаем», «почитая волю покойного автора»).

Таким образом, самостоятельное текстовое пространство «от издателя» представляет собой единство обще жанровых языковых единиц и лексический пласт, расширяющий данные нормы. Индивидуально-авторским стилистическим приемом определяется использование разговорной лексики, частотно представленной на небольшом текстовом пространстве (шесть речевых высказываний»). Как правило, подобную тенденцию представляют глагольные формы русского языка (хлопотать, присовокупить, хотя). В наличии разговорных форм видится создание доверительного тона, установления диалогических форм «издателя» и читателей.

В качестве особенностей «От издателя» определяется с точки зрения «любителей отечественной словесности» («публика» нашего времени) и устаревшая лексика. Данная лексика выступает частотной в текстовом пространстве «от издателя» (к оным, для сего, по сему, сему). Устаревшая лексика, уместная передаваемым своим семантическим содержанием, создает в восприятии современного читателя возвышенную тональность, обусловленную эмоциональному тону памяти и поминания «покойного автора».

Индивидуальные параметры «От издателя» наглядно представляет вводимое в авторский текст публицистического характера частное письмо «от одного почтенного мужа», создавая «многоголосье» авторского текста.

Особые характеристики «От издателя» четко видятся и протяженности текста. «Жизнеописание», представленное текстом частного письма, вбирает в себя расширенные факты биографии И.П. Белкина. Имеется при этом развитие сюжетной линии, типичной жанру «жизнеописания».

Текст частного письма имеет, как и текстовое пространство «от издателя» эстетически действенный разнообразный состав лексико-стилистического материала. «Почтенный возраст» автора письма обусловливает наличие устаревшей лексики, разнообразной своим лексико-семантическим составом (сие, сия, почесться может, милостивый государь, мои лета).

Жанром частного письма обусловлено наличие разговорной лексики. «От издателя» наполняется оценочной разговорной лексикой с присутствием стилистически сниженной (сопутствующей «жизнеописание И.П. Белкина» в «домашних обстоятельствах»).

«Жизнеописание И.П. Белкина» как суть смыслового содержания частного письма обусловливает соответствующие жанрообразующий набор языковых средств. «Жизнеописание» пронизывают факты биографии, излагаемые с опорой на имена, даты, географические названия, деепричастные обороты, скобочные конструкции, соотносимые с пластом книжной речи современного русского литературного языка.

Особо отмечаем восприятие особой тональности «жизнеописания», связанной с названием места рождения и смерти И.П. Белкина («Горюхино»), а также с местом написания письма («Ненарадово»). Видится возможность говорить об индивидуально-авторской тональности «горюхино», «ненарадово». Значимость приобретает семантика данных номинаций: «горя», «отсутствие радости».

Самостоятельным жанрово стилевым пространством, развивающим индивидуально-авторские характеристики «От издателя» очерчиваются «примечания» текста. Напомним: сообщение «к женскому полу имел он великую склонность, но стыдливость была в нем истинно девическая*» - завершается указанием оформления сноски. Имеется примечание: *следует анекдот, коего мы не помещаем, полагая его излишним, впрочем, уверяем читателя, что он ничего предосудительного памяти Ивана Петровича Белкина в себе не заключает» (Прим. Пушкина). Подобный же пример организации сноски: «Вышеупомянутые повести были, кажется, первым его опытом, Они, как сказывал Иван Петрович, большею частию справедливы и слышаны им от разных особ**». Следует примечание: «** В самом деле, в рукописи г.Белкина над каждой повестию рукою автора надписано: слышано мною от такой-то особы (чин или звание и заглавные буквы имени и фамилии). Выписываем для любопытных изыскателей: «Смотритель» рассказан был ему титулярным советником А.Г.Н., «Выстрел» подполковником И.Л.П., «Гробовщик» приказчиком Б.В., «Метель» и «Барышня» девицею К.И.Т. (Прим. Пушкина)».

«Примечания» неразрывно вплетается в «жизнеописание И.П. Белкина», раскрывая образ «покойного автора». Для «любителей отечественной словесности» создается правдоподобный, вымышленный образ И.П. Белкина, созданный художественными средствами А.С. Пушкина. Думается, создаваемая уникальная правдоподобность И.П. Белкина приводит к многочисленным научным спорам о данном образе, в том числе, о соотношении И.П. Белкина с А.С. Пушкиным.

В нашем восприятии в своем единстве смысловое пространство «От издателя» предстает в единстве вымышленного и реального. В качестве реальных фактом видится двукратное присутствие фамилии «Пушкин» в «примечаниях» при скобочном оформлении, фокусируя восприятие читателя: («Прим. Пушкина»); соответствия трех названий известных повестей («Выстрел», «Гробовщик», «Метель»).

Появление данных примечаний двукратно усиливает «многоголосье» «От издателя». «Многоголосье» «издателя А.П.» и «почтенного мужа» усиливается и голосом «Пушкина», создавая триединство созвучия.

Примечания со ссылкой на их автора организует диалогические формы текстового пространства. Имеются и языковые единицы, сохраняющие диалог читателей на протяжении всего «примечания». Речь идет об языковых единицах, типичных для публицистического стиля. В данном случае это слова-уверения, пронизывающие примечания: «уверяем читателя», «в самом деле».

Голос автора примечаний оформляют, вместе с тем, апеллятивные речевые формы («Выписываем для любопытных изыскателей»).

Очерчивается круг читателей, предполагающий качественно новый уровень познания «От издателя». Определение адресата ведет к сужению круга читателей: от «публики» к «любителям отечественной словесности» до «любопытных изыскателей». В движении установки адресата видится авторская творческая установка на погружение в смысловое содержание, в особенности языковой организации, в индивидуальный стиль писателя.

«Примечания Пушкина» действительно дают возможность обнаружить уникальные авторские языковые особенности, эстетическую действенность каждого слова.

Интересно отметить единство многообразия языковых средств, формирующих небольшое речевое высказывание, соответствующее жанру «примечание». Функционально значимыми выступают разговорные языковые средства (следует анекдот), устаревшая лексика (титулярный советник, приказчик), официально-деловая речь (помещаем, в рукописи г. Белкина).

Обращает внимание авторский стилистический прием, создаваемый правдоподобие «особ», «от кого слышаны повести». Указываются «чины и звания», имеющие определенный социальный статус: «титулярный советник», «подполковник», «приказчик». С учетом социального положения «титулярный советник» и «подполковник» имеют в качестве «заглавных букв имени и фамилии» полные инициалы, создавая почтительную тональность к данным «особам». С точки зрения современного читателя можно говорить в данном случае об языковой игре, о шутливой тональности «примечаний Пушкина».

Подобный же прием – языковая игра, шутливая тональность – видится при соответствии названий «Повестей» и указываемых «особ». Шутливая тональность закономерно создается следующим образно-ассоциативным рядом: «Смотритель рассказан был ему титулярным советником»; «Выстрел подполковником»; «Гробовщик приказчиком».

Нюансы тональности «примечаний» расширяются за счет стилистически сниженной оценки, лежащей в соотнесенности «титулярный советник – смотритель». Как известно, «смотритель»: «надзиратель, блюститель; начальник, для надзора, порядка; экзекутор» (Даль. 1998. т. 4: 238). Данная оценка направлена на особый «гражданский чин»: «титулярный». При этом,

«Титулярный»: «состоящий в звании, но не в чине или в сане» (Даль. 1998. т.4: 407). «Титулярный советник»: «гражданский чин 9 класса» (Даль. 1998. т.4: 407).

С другой стороны, соотношение названия повести и «чин особы», создающее единство «гробовщик – приказчик», наполняет поминальный тон разговорной шутливой тональностью. «Любознательному изыскателю» известна поговорка «Приказал долго жить» с семантикой «умереть» (БТС. 1998: 979).

Шутливая тональность, вместе с тем, видится в усеченном названии повести «Барышня» и в указываемом гендерном соотношении «особы»: «девица». В вою очередь, «заглавные буквы имени особы» - «К.И.Т.», прочтение которых возможно как единое слово, расширяют оценочный план «примечаний», отражая языковую картину А.С. Пушкина.

Итак, «От издателя» А.С. Пушкина является уникальным текстом публицистического характера, отражением индивидуального стиля писателя. «От издателя» отличается своей структурной организацией, содержательным планом, жанрово-стилистической организацией, языковым наполнением. Выявляются языковые единицы, очерчивающие адресата, семантика авторских номинаций которых отражает творческую установку А.С. Пушкина на последовательное осмысление данного произведения, ведущее к расширению эстетической действенности «От издателя» («ныне публике», «любителям отечественной словесности», «для любознательных изыскателей»). Определяется авторский языковой сигнал в качестве авторской целевой установки, сохраняющий ценность «От издателя» каждому новому поколению читателей, тем самым, представляя классическое произведение русской литературы («ныне публике»).

Часть 2 «От издателя» - вступительное слово самоценного смыслового пространства «Судьба»

2.1. Индивидуально-авторская языковая система как основа создания современных реалий в тексте жанра «от издателя»

«От издателя» А.С. Пушкина выступает беспрецедентным произведением, жанрово-стилистическая организация которого ведет к вновь приобретаемым планам восприятия смыслового содержания. Данная особенность обусловлена возможностями хронотопа текста. Возможна реализация смыслового пространства при отражении правдивого содержательного единства, при реализации единства вымышленных и правдоподобных фактов.

Вместе с тем, достоверный план восприятия смыслового пространства «От издателя» А.С. Пушкина способен реализовываться и во временных рамках, соотносимых с настоящим временем. Семантическое наполнение слова «ныне» дает возможность современному нам читателю очертить правдоподобное, реальное содержательное выражение. Очерчивается следующее текстовое пространство:

«Взявшись хлопотать об издании Повестей И.П.Белкина, предлагаемых ныне публике, мы желали к оным присовокупить хотя краткое жизнеописание покойного автора и тем отчасти удовлетворить справедливому любопытству любителей отечественной словесности.
Помещаем его безо всяких перемен и примечаний, как драгоценный памятник благородного образа мнений и трогательного дружества, а вместе с тем, как и весьма достаточное биографическое известие. А.П.».

В рамках достоверных реалий воспринимается нами сообщение о творческой лаборатории («взявшись хлопотать об издании Повестей И.П.Белкина, предлагаемых ныне публике, желали присовокупить хотя краткое жизнеописание покойного автора»); сообщение о публикации заявленного «жизнеописания» («помещаем его»); оценка предлагаемого «жизнеописания» («как драгоценный памятник благородного образа мнений и трогательного дружества, а вместе с тем, как и весьма достаточное биографическое известие»); слова благодарности «за доставленные известия», выражается надежда, «что публика оценит их искренность и добродушие». Завершающая речевое высказывание подпись («А.П.») соответственно укрепляет реальный план повествования, демонстрируя, вместе с тем, завершенность текстового пространства. В своем единстве определяемые смысловые блоки отражают жанровые параметры текста «от издателя».

В рамках достоверных реалий воспринимается нами сообщение о творческой лаборатории («взявшись хлопотать об издании Повестей И.П.Белкина, предлагаемых ныне публике, желали присовокупить хотя краткое жизнеописание покойного автора»); сообщение о публикации заявленного «жизнеописания» («помещаем его»); оценка предлагаемого «жизнеописания» («как драгоценный памятник благородного образа мнений и трогательного дружества, а вместе с тем, как и весьма достаточное биографическое известие»); слова благодарности «за доставленные известия», выражается надежда, «что публика оценит их искренность и добродушие». Завершающая речевое высказывание подпись («А.П.») соответственно укрепляет реальный план повествования, демонстрируя, вместе с тем, завершенность текстового пространства. В своем единстве определяемые смысловые блоки отражают жанровые параметры текста «от издателя».

В соответствии с жанровыми нормами создано краткое речевое высказывание, сообщающее о творческой лаборатории издателя, оформленное посредством языка книжной речи. Так, лексико-синтаксическая организация текстового пространства передает адекватный данному жанру книжный стиль речи: двусоставное предложение с однородными сказуемыми, осложненное деепричастным оборотом в препозиции; односоставное предложение с оценочным оборотом с однородными второстепенными членами.

Авторское «ныне» играет особую роль в организации хронотопа (греч.chronos – время, topos - место) текстового пространства. Имеется в виду категория, передающая существенную взаимосвязь временных и пространственных отношений, художественно освоенных в литературе» (Бахтин. 1975: 234). Актуальность авторского «ныне» в организации особых временных рамок (настоящее – прошлое) подтверждает мысль о том, что специфика «предмета словесного художественного изображения» связана с временной последовательностью самого высказывания (Бахтин. 1975). Эстетическая природа «ныне» свидетельствует и о необходимом учете трактовки пространства и времени как форм познания при осмыслении эстетического объекта, при осмыслении жанровых параметров.

На основе эстетически ценного произведения «От издателя» реализовано самоценное смысловое пространство, свидетельствующее о сохранении жанровой принадлежности приобретенного смыслового пространства: «от издателя». Сравнивая жанровые параметры созданного текстового пространства и известного авторского произведения данного жанра (от издателя), свидетельствуем о сохранении функциональной направленности текста. В обоих случаях предполагается смысловое содержание в качестве вступительной части к последующему повествованию. Вместе с тем, наблюдается значительное сокращение текстового пространства в жанре «от издателя».

В подобном случае «мы различаем как бы два момента», «различение этих двух моментов чрезвычайно важно, ибо как с гносеологической, так и с методологической точек зрения мы имеем два совершенно разнородных объекта» (Энгельгардт. 1995: 62).

Приобретенное нами самоценное текстовое пространство жанра «от издателя» выступает в качестве уникального образца создания эстетического на основе известного эстетического. Обнаруживается языковое выражение, подтверждающее созданное текстовое пространство как отражение творческой установки. Установка автора, определяющая творческую лабораторию, передается сочетанием при триединстве, усиливающем передаваемое личностное желание: личного местоимения, личной формы глагола, глагольной формы в виде деепричастия «Мы желали хотя».

Действительно, обращаясь к эстетически значимой структуре, невозможно обойтись без понятия «творческий процесс» (Энгельгардт. 1995: 63). Общеэстетические принципы таковы, что «в произведении искусства мы встречаем специальную «искусственную установку вещно-определенного ряда на восприятие его в качестве самозначимого» (там же: 62). Так, организация процесса художественного творчества является «прежде всего, процессом установки словесного ряда на эстетическую значимость», а «при дальнейшей конкретизации, - процессом установки словесного ряда на самозначимость» (там же: 63).

Особая функциональная значимость в приобретении интересуемого нас авторского самоценного текстового пространства отводится единичному слову «ныне». Наречное «ныне» известно своим семантическим содержанием «в настоящее время», «теперь», «сейчас». Организуемое единство с указанием адресата словосочетание «ныне публике» видится отражением авторской установки на расширение эстетической значимости известного текста «От издателя», на приобретение современными читателями достоверного смыслового пространства, усиливающим эффект восприятия авторского литературного наследия. Более того, данное индивидуально-авторское словосочетание создает уникальную эстетическую значимость приобретенного смыслового пространства, передавая возможность осмысления текстового единства в бесконечно будущем времени (всегда в настоящем с точки зрения восприятия читателя).

Удается установить, что «От издателя» А.С. Пушкина содержит языковые единицы, позволяющие очертить текстовое единство, демонстрируя его неразрывную цельность и связность достоверного смыслового содержания с сохранением функциональной направленности жанра (от издателя).

В основе реализации смыслового содержания смыслового содержания определяется семантико-смысловая связь слов (словосочетаний), способная пронизывать авторское текстовое пространство автора. Подобные авторские языковые сигналы, ведущие к развитию смыслового пространства, с учетом их эстетической действенности (образовывать семантико-ассоциативные связи), воспринимаются в качестве семантико-смысловых доминантов.

Указываем наличие глагольных форм, принизывающих смысловое содержание, развивая единую тему (творческая лаборатория). Так, начальная синтаксическая единица на уровне предложения связана словосочетаниями, семантическое содержание которых отражает начало действий и их развитие. Выстраивается пара семантических доминант, ведущих развитие смыслового содержания: «взявшись хлопотать» - «желали присовокупить». Интересно, что цельность и связность речевого высказывания укрепляет начальный деепричастный оборот, требующий, соответственно, развитие смысловой информации.

В препозиции последующего предложения находится глагольная форма с семантическим содержанием «завершенность действия»: «помещаем». Интересен организуемый авторский стилистический прием создания целостного текстового пространства. Обнаруживается параллельность начальных глагольных форм самодостаточных двух синтаксических единиц, семантическое содержание которых передает в своем единстве начало - завершенность творческой лаборатории. В центре данных семантических доминант оформляется языковая доминанта, отражающая творческую установку автора: «мы желали присовокупить хотя». При этом неразрывность ключевых слов, их весомость и значимость передает наличие деепричастие «хотя», способное организовывать и оценочное словосочетание: «мы желали присовокупить хотя краткое жизнеописание».

Укрепляет развитие самоценного данного текстового единства авторская лексика, передающая семантическое содержание «достаточности», «краткости»: «хотя краткое», «весьма достаточное». Более того, данные языковые единицы параллельно выступают в единстве синонимичных словосочетаниях, семантическое содержание которых соотносится с образным оформлением и прямым номинативным значением: «жизнеописание», «биографическое известие».

Самодостаточность данного текстового пространства (в основе которой лежит восприятие достоверно правдивого содержания) организуют языковые единицы, демонстрирующие развитие творческой лаборатории «издателя» от начальных действий до ее реализации. Вполне закономерно, при этом, преобладание семантических доминантов, имеющих в своей языковой основе глагольные формы, выступающие в единстве с объектными отношениями. Смысловое содержание, представляющее творческий замысел, потребовало преобладание глагольных форм, сохраняющихся в ключевых словах. Это: деепричастие в сочетании с инфинитивной формой («взявшись хлопотать об издании Повестей»), глагольная форма в единстве с инфинитивом («желали присовокупить жизнеописание») и, наконец, единичный глагол («помещаем его»).

Таким образом, с точки зрения «ныне публики» - читателя наших времен – завершенное произведение «От издателя» А.С. Пушкина способно развивать свою эстетическую значимость. Индивидуально-авторская лексика, ведя к развитию публицистического текста как эстетического объекта, очерчивает реальный план повествования от лица автора. В основе осуществления эстетически значимого смыслового единства лежит единство семантико-содержательных языковых единиц, охватывая все уровни языка (слово, словосочетание, предложение).

Реализуется лингвистический фактор осуществления эстетического объекта, известный в научной литературе как принцип «плеонастического сочетания сходнозначных элементов вокруг одного смыслового стержня» (Ларин, 1974). Сущность данных «оборотов речи» заключается в том, что «они сходны по своему составу знаков и смыслов», но «разное словесное окружение дает разнородный стилевой оттенок» (там же: 64). «Разработка темы здесь происходит по «ассоциациям синонимии, сводимым к одному смысловому фокусу» (там же).

Осмыслим приобретенный эстетический объект. Говорим об уникальности данного смыслового содержания. Вспомним:

«Взявшись хлопотать об издании Повестей И.П.Белкина, предлагаемых ныне публике, мы желали к оным присовокупить хотя краткое жизнеописание покойного автора и тем отчасти удовлетворить справедливому любопытству любителей отечественной словесности.

Помещаем его безо всяких перемен и примечаний, как драгоценный памятник благородного образа мнений и трогательного дружества, а вместе с тем, как и весьма достаточное биографическое известие. А.П.».

Авторская лексико-синтаксическая организация завершенного текста способна создать новое текстовое пространство, связанное единством семантико-смысловых слов (словосочетаний). Реализуется самодостаточное текстовое пространство, сохраняющее жанр эстетического основания («от издателя»). На основе широко известного произведения А.С. Пушкина оформляется новое неизвестное еще читателю самоценное смысловое содержание, представленное от лица автора.

Выявляемая эстетическая самостоятельная ценность созданного текстового пространства видится в его особой функциональной значимости.

С учетом функциональной значимости текста жанра «от издателя» предлагается информация касательно последующего текстового пространства.

Во-первых, речь идет о вступительной части в жанре «от издателя» к конкретному прозаическому текстовому пространству: «жизнеописание покойного автора». В качестве героя «жизнеописания покойного автора» выступает «покойный автор Повестей И.П. Белкина». Позиции «я – герой» и «я – автор» совпадают, тождественны. Отражается эстетический принцип: «смерть героя не есть его конец» (Бахтин. 1994).

Во-вторых, жанр «жизнеописание», предполагающий описание жизни от рождения героя до его смерти, в своем художественном выражении предполагает значимость данного жизненного пути. Тем самым, жизненный путь, судьба «есть «существенная определенность бытия личности, определяющая собой всю жизнь, все поступки личности» (там же). «Каждый момент жизни получает свое художественное значение, становится необходим» (Бахтин 1994: 229).

Актуализируется следующий эстетический прнцип: «Я отброшен в мир в бесконечно требовательного смысла. Мое определение самого себя дано мне (вернее, дано как задание, данность заданности) <…> в категориях цели и смысла в смысловом будущем» (там же: 187). «Этот момент, где бытие во мне должно преодолевать себя ради долженствования, момент высшей творческой серьезности, чистой продуктивности (там же: 185). Именно «в определенности моего переживания для меня самого (определенности чувства, желания, стремления, мысли) ничего не может быть ценного, кроме того заданного смысла и предмета, которым жило переживание (там же).

Вступает в силу принцип нравственного долженствования, заложенного в «бытие личности»: «Самый момент перехода, движения из прошлого и настоящее в будущее представляет собой переход не в то будущее, которое все оставит на своих местах, а которое должно наконец исполнить, свершить будущее, которое <…> не есть будущее как голая временная, но как смысловая категория» (Бахтин. 1994: 182).

Итак, завершенное авторское произведение способно расширять свою эстетическую значимость, давая развитие самоценному эстетически значимому текстовому пространству. На основе известного текста с конкретной жанрово-функциональной направленностью приобретается самодостаточное смысловое содержание, реализуемое при определенных условиях (связь семантико-смысловых единиц), отражающее авторскую творческую установку. Сохраняется функциональная направленность текстового пространства при расширении смысловых акцентов. Развитие самоценного смыслового пространства как эстетического объекта отражает переплетение индивидуальных параметров, лингвистических и эстетических положений.

2.2. Эстетическое значение слова в качестве жанрообразующего фактора смыслового единства

Самоценное смысловое пространство, приобретенное в качестве развития семантико-смысловых доминант, представляет собой завершенную открытую эстетически значимую структуру:

«Взявшись хлопотать об издании Повестей И.П. Белкина, предлагаемых ныне публике, мы желали к оным присовокупить хотя краткое жизнеописание покойного автора и тем отчасти удовлетворить справедливому любопытству любителей отечественной словесности.

Помещаем его безо всяких перемен и примечаний, как драгоценный памятник благородного образа мнений и трогательного дружества, а вместе с тем, как и весьма достаточное биографическое известие. А.П.».

Выявленное смысловое пространство представляет собой завершенную открытую эстетически значимую структуру в жанре «от издателя». Обращаемся к последующему развитию самоценного смыслового пространства.

Развитие темы, оформляемой мотивом «хлопоты об издании» завершается авторским оценочным выражением касательно последующего «жизнеописания покойного автора». Оформляемая оценка подтверждается личной подписью, выступающей в единстве с авторским видением «жизнеописания»:

«как драгоценный памятник благородного образа мнений и трогательного дружества, а вместе с тем, как и весьма достаточное биографическое известие. А.П.».

Языковая картина мира, выступающая в качестве обобщения мировидения и представленная художественными средствами выражения, соотносится с общелингвистической категорией, понимаемой как эстетическое значение слова. В подобном случае эстетическое значение слова представляет собой «высшее проявление художественных свойств слова – художественного обобщения, формирующее значимое понятие-образ», является вершиной развития эстетического объекта (Поцепня. 1997: 178).

В развитии эстетического объекта разграничиваются при этом две разновидности эстетического значения слова. «Различия в функциональной направленности слов с таким значением, а также в характере его образного содержания» выступают основанием разграничения двух типов эстетического значения: эстетическое значение с мировоззренческой, идеологической направленностью и эстетическое значение с изобразительной направленностью» (Поцепня. 1997: 178).

В первом случае предполагаются «такие словоупотребления, в которых в образной форме объективируются главные идеи произведения» (там же). В свою очередь, эстетическое значение с изобразительной направленностью «вскрывает своеобразие авторского видения окружающего мира» (там же: 181). При эстетическом значении с изобразительной направленностью «происходит как бы новая номинация знакомых предметов, явлений – их образ пересоздается творческой фантазией писателя, открывающего в знакомом, привычном новые стороны, свежие ассоциации» (там же).

Считаем, что в любом случае, эстетическое значение слова, представляя в своем содержательном плане языковую картину мира, закономерно, отражает индивидуальное, авторское, особенное.

Осмыслим авторское языковое мировидение, оформленное на основе развития самоценного текста жанра «от издателя»: «как драгоценный памятник благородного образа мнений и трогательного дружества, а вместе с тем, как и весьма достаточное биографическое известие. А.П.».

Представлен разнообразный языковой материал, организующий образную форму высказывания мировоззренческого плана. Языковая картина касательно «жизнеописания покойного автора» расширяется последовательно, присоединяя синтагмы на уровне словосочетаний. Видится следующий ряд идеологически-образного мировидения автора: «как драгоценный памятник», «благородного образа мнений», «трогательного дружества», «как и весьма достаточное биографическое известие». Интересно, что представленная языковая картина, соотносимая с индивидуальным мировидением, завершается личной подписью. Инициалы «А.П.» усиливают оформленное мировоззренческое представление, его достоверность, фокусируют индивидуальность мировидения.

Организуется особое оформление эстетического значения, отличающееся синтаксической структурой. Индивидуальная идеологически-образная оценка «жизнеописания покойного автора» создается на уровне предложения. В качестве завершенной формы эстетического значения становится односоставное предложение с начальным сравнительным союзом («как») с однородными членами предложениями при союзной связи. В своем единстве подобная структурно-семантическая структура ведет, несомненно, к особой протяженности языковой мировоззренческой категории.

Особым содержанием отличается лексико-семантическое содержание языковой картины «жизнеописания покойного автора». В соответствии с жанровой принадлежностью, эстетическое значение, завершающее текстовое пространство в жанре «от издателя», вбирает в себя языковые единицы с положительной коннотацией. Языковая картина автора наполняется оценочными эпитетами: «драгоценный памятник», «благородного образа мнений», «трогательного дружества».

Художественно-образное мировидение «жизнеописания покойного автора» пронизано риторическими приемами речи. Экспрессивность восприятия создает сравнение, передающееся посредством двукратного участия сравнительного союза; метафора, организуемая данным сравнением; многосоюзие с участием разнообразных связочных средств. Отмечаем и приемы речи, основанные на перечислении, выраженные однородными членами предложения. Хочется отметить, что образно-художественная форма языковой картины автора создается участием первого языкового сигнала на уровне незнаменательной части речи. Говорим о сравнительном оборот с начальным сравнительным союзом «как».

Необходимо отметить и многосоюзие, пронизывающее текстовое пространство, создающее эффект смыслового целого. В организации смыслового содержания участвуют присоединительные союзы «и»; «а, вместе с тем, как и». Усилительную функцию играет «а», причем, в «двойном союзе» («как драгоценный памятник благородного образа мнений и трогательного дружества, а вместе с тем, как и весьма достаточное биографическое известие»).

В своей целостности языковые средства выражения мировоззренческой категории имеют особую значимость в плане создания особого восприятия смыслового содержания. Лексико-синтаксическая организация языковой картины, отражающая риторические приемы русского языка, бесспорно, ведет к эмоциональности восприятия эстетического значения. При этом языковая картина укрепляет эмоциональность восприятия смыслового единства в жанре «от издателя». Значимость приобретает расширение смысловых акцентов созданного пространства относительно известного авторского текста «От издателя».

Отмечаем и такую ценность языкового мировидения в развитии эстетически значимой структуры, как реализация особой тональности. Начальный сравнительный оборот «как драгоценный памятник» актуализирует семантическое значение «памятника». Контекстуально в единстве с фиксацией жанра последующего пространства («жизнеописание покойного автора»), наличием подписи автора («А.П.») последовательно развивается тональность «поминания» и «памяти».

Развиваемая в индивидуальной системе тональность «поминания» и «памяти» на основе авторской лексике отражает семантическое содержание «памятника», известного в русском литературном языке. В справочной литературе зафиксировано: «памятник: все, что сделано для облегчения памяти, чтобы помнить и поминать» (Даль. 1998: т.3: 14).

В индивидуальном языке А.С. Пушкина «памятник» соответствие тональности «поминания и памяти» видится в раскрытии семантического значения «памятника» как «вообще всего, что служит напоминанием, памятью о ком-нибудь, о чем-нибудь, свидетельством чего-нибудь» (СЯП. 2000: т.3: 286).

Итак, единство мировоззренческого понимания «жизнеописания покойного автора» и художественных средств выражения свидетельствует об оформлении эстетического значения слова с идеологически-образной направленностью. Актуальным становится понятие, раскрываемое в работах исследователей, обращающихся к осмыслению слова писателя в его языковой картине мира. Говорим об «индивидуальном» как «эстетически мотивированном синтезе общего и особенного» (Поцепня. 1997: 68).

Эстетическое значение слова как результат развития семантико-смысловых языковых единиц текстового пространства «от издателя» выступает завершающей речевой единицей, непосредственно связанной со всем смысловым пространством. Неразрывность и цельность повествования «от издателя» и оформляемой языковой картиной выражается, в частности, развитием эстетических принципов, отражающих мировидение автора на «жизнеописание покойного автора».

Так, во-первых, самоценное пространство «от издателя» определяет содержание «жизнеописания»: «образ мыслей», «а вместе с тем, и как весьма достаточное биографическое известие». Приобретается понимание принципа «вины и ответственности» (Бахтин. 1994). «Три области человеческой культуры – наука, искусство, жизнь – обретают единство в личности, которая приобщает их к своему единству» (Бахтин. 1994: с.7). «Что же гарантирует внутреннюю связь элементов личности? Только единство ответственности. За то, что я пережил и понял в искусстве, я должен отвечать своей жизнью, чтобы все пережитое и понятое не осталось бездейственным в ней» (там же: с.8). «Искусство и жизнь не одно, но должны стать во мне единым, в единстве моей ответственности» (там же). В своем единстве приобретается «Судьба» как «художественная ценность», «регулирующая, упорядочивающая и сводящая к единству» (Бахтин. 1994: 229).

Во-вторых, созданная эстетически значимая структура в жанре «от издателя» отвечает творческим замыслам автора (имеется личная подпись «А.П.»), развитие которой также демонстрирует «желание», «хотение» А.С. Пушкина («мы желали хотя»). Особенности индивидуально-авторского смыслового содержания находят свое отражение в эстетических положениях. Прежде всего, имеется в виду эстетический принцип, демонстрирующий целеполагание автора-героя: «все события жизни предопределены личностью», «смысловой установкой героя в бытии» (Бахтин. 1994: 228). И «поступок - мысль определяется <…> с точки зрения ее индивидуальности – как характерная именно для данной определенной личности; как предопределенная бытием этой личности», «так и все возможные поступки предопределены индивидуальностью, осуществляют ее» (Бахтин. 1994: 228-229).

«Личностное», «индивидуальное», заложенное в «судьбе» ведет к расширению момента «нравственного долженствования». Дело в том, что «изнутри себя личность строит свою жизнь (мыслит, чувствует, поступает) по целям, осуществляя предметные и смысловые значимости, на которых направлена ее жизнь» » (Бахтин. 1994: 182). При этом, «поступает так, потому что так должно, правильно, нужно, желанно, хочется и прочее, а на самом деле осуществляет необходимость своей судьбы, то есть определенность своего бытия, своего лика в бытии» (там же).

Итак, нарратив семантико-смысловых доминантов, лежащих в основе создания самозначимого смыслового содержания, приводит к приобретению авторской мировоззренческой картины мира, оформленной художественно-языковыми средствами. Эксплицитно выраженная оценка соотносится с установленным и развиваемым мотивом, определяемым как «жизнеописание покойного автора». Фокусируется мировоззренческое выражение касательно «жизнеописания покойного автора», представленное в художественно-образной форме: «как драгоценный памятник благородного образа мнений и трогательного дружества, а вместе с тем, как и весьма достаточное биографическое известие».

Эстетическое значение слова представляет собой речевой сигнал завершенности конкретного смыслового куска. Однако, эстетическое значение слова способно выступать в качестве семантико-смыслового ключевого единства, давая последующее развитие текстовому пространству, отражая жанровую природу («от издателя») данного текстового целого.

2.3. Малые формы смыслового пространства

Известный текст «От издателя» А.С. Пушкина способен развивать свою эстетическую значимость, выступать в новом качественном оформлении. Индивидуальный стиль А.С. Пушкина становится уникальной возможностью выступать завершенному авторскому произведению как новое самоценное содержание. Развиваемое смысловое единство сохраняет при этом жанровые формы «от издателя». Вершиной самодостаточного текстового целого становится эстетическое значение слова, представляющее авторскую языковую картину мира, авторскую идеологически-образную оценку «жизнеописания покойного автора»:

«Взявшись хлопотать об издании Повестей И.П. Белкина, предлагаемых ныне публике, мы желали к оным присовокупить хотя краткое жизнеописание покойного автора и тем отчасти удовлетворить справедливому любопытству любителей отечественной словесности.

Помещаем его безо всяких перемен и примечаний, как драгоценный памятник благородного образа мнений и трогательного дружества, а вместе с тем, как и весьма достаточное биографическое известие. А.П.».

Оформленное эстетическое значение, ставшее результатом развития семантико-смысловых доминант, демонстрирует завершенность самодостаточного смыслового содержания. Вместе с тем, эстетическое значение слова, сигнализируя завершенность самодостаточного смыслового содержания, приобретает значимость в качестве авторских языковых средств, дающих развитие смысловому пространству.

Определяется устойчивый стилистический прием, лежащий в основе развития смыслового пространства при актуализации эстетического значения слова. Имеем в виду стилистический прием, выступающий антонимичным формированию эстетического значения слова.

В этом плане особое синтаксическое оформление эстетического значения является результатом пятикратного расширения синтагматических связей: «Как драгоценный памятник» «благородного образа мнений» «и трогательного дружества», «а вместе с тем, как и весьма достаточное биографическое известие». «А.П.».

Следует отметить, что под синтагмой как лингвистической категорией понимаем «интонационно-смысловое единство, которое выражает в данном контексте и в данной ситуации одно понятие», способное «состоять из слова, группы слов и целого предложения» (ЛЭС. 1990: 447).

В свою очередь, в качестве расширения текстового пространства в жанре «от издателя» функциональную значимость приобретает прием, определяемый как сужение синтагматических связей. При этом, сокращение синтагмы отражает основополагающий признак эстетически значимой структуры: самодостаточность смыслового содержания.

Первоначально самоценным выступает четырехкратное синтагматическое развитие при сохранении личной подписи в качестве подтверждения завершенности речевого высказывания. «Как драгоценный памятник» «благородного образа мнений» «и трогательного дружества». «А.П.»

Перед нами – краткое речевое высказывание, начальный союз которого в единстве контекстуального содержания демонстрирует создание формы надписи. Данное смысловое содержание соотносится с конкретной формы надписи: с дарственной надписью. Исходя из жанрово-функциональной принадлежности дарственной надписи, развиваемой текстовое пространство вступительной части к «жизнеописанию», создается образ наличия подобного речевого выражения на книге.

Далее самодостаточным выступает троекратные синтагматические связи: «Как драгоценный памятник» «благородного образа мнений». «А.П.». Реализуется известный малый литературный жанр, выступающий в качестве эпиграфа.

И, наконец, сужение синтагматических связей создает новую форму надписи: «Как драгоценный памятник». «А.П.». Двукратное единство синтагм ведет к новой форме надписи. Своей структурной организацией и содержательным наполнением данная надпись соотносится с надписью на архитектурном сооружении в память пройденного жизненного пути. Речь идет о форме надписи как эпитафии.

Тем самым, эстетическое значение слова является в авторском текстовом пространстве основой троекратного расширения самодостаточного смыслового целого:

«как драгоценный памятник благородного образа мнений и трогательного дружества. А.П.».
«как драгоценный памятник благородного образа мнений. А.П.»
«как драгоценный памятник. А.П.»

Как видим, эстетическое значение слова, представляющее собой своим содержанием языковую картину автора, приобретает значимость основы развития трех форм надписи: дарственной, эпиграфа, надгробной. Заметим, что надпись является широко известным понятием читателю, соотносясь с «древним коротким текстом на поверхности чего-либо» (БТС. 1998: 578).

Таким образом, реализация эстетического объекта приобретает жанровые параметры, отличающие самоценное текстовое пространство своей функционально-стилистической организацией. Эстетический объект, реализуясь в жанре «от издателя», вбирает в себя стилистические особенности малого литературного жанра в форме надписи. Смысловое пространство последовательно расширяется дарственной надписью, эпиграфом, надгробной надписью. Переплетение функционально-стилистических характеристик в едином жанре, выявляемое в самоценном текстовом пространстве, находит соотношение в эстетическом основании (в авторском произведении «От издателя»).

Четырехкратное развитие смыслового пространства приобретает уникальные приметы цельности и связности жанра «от издателя». Прежде всего, в основе единства текстового пространства лежит синтагма как единство авторских языковых знаков, выступающих в качестве стилистического приема формирования эстетического значения слова и последовательно создаваемых надписей. Обращает внимание сохранение в лингвистической категории (эстетическое значение слова) и литературоведческих понятий (жанр надписи) единой начальной синтагмы («как драгоценный памятник») в единстве авторской подписью («А.П.»). Тем самым, развитие эстетического объекта характеризуется сокращением смыслового пространства, каждый раз формируя самодостаточное содержание.

Цепочка жанрово-стилистических форм текстового пространства «от издателя» укрепляет цельность и связность смыслового единства, отражая эстетические принципы развития самоценного содержания, принимая авторскоиндивидуальные особенности. Устанавливаемые внутритекстовые межтекстовые связи «эстетическое значение – дарственная надпись – эпиграф – эпитафия» отражает принципы, лежащие в основе эстетического закона единства «жизни и литературы». Авторское текстовое пространство организует две пары единств: «эстетическое значение – дарственная надпись», «эпиграф – эпитафия», соотносимые с отношениями «жизнь – литература». Самоценное пространство «от издателя» дважды демонстрирует подобную связь, укрепляя ее, отражая творческую установку автора. Известный эстетический принцип принимает индивидуальные параметры и оформляется как: «За то, что я пережил и понял в жизни, я должен отвечать в искусстве, чтобы все пережитое и понятое не осталось бездейственный в ней»; «За то, что я пережил и понял в искусстве, я должен отвечать своей жизнью, чтобы все пережитое и понятое не осталось бездейственным в ней». Сравним формулировку эстетического принципа: «За то, что я пережил и понял в искусстве, я должен отвечать своей жизнью, чтобы все пережитое и понятое не осталось бездейственным в ней» (Бахтин. 1994: 7).

Вместе с тем, протяженность авторского самоценного пространства, создаваемая завершенными формами эстетического значения, дарственной надписи, эпиграфа, эпитафии, ведет к осмыслению сути жизненного пути как смыслового содержания «жизнеописания». Жизненная дорога приобретает смысл, причем, смысловое будущее при конкретной ценности каждого жизненного отрезка. Вступает в силу эстетический принцип, согласно которому «будущее <...> не есть будущее как голая временная, но как смысловая категория» (там же: 182).

Единство авторского текстового пространства жанра «от издателя» сигнализируется в трехкратном сохранении эстетического положения в формах надписи касательно значимости личностного в собственной судьбе. Текстовое пространство пронизано языковой картиной, подкрепляемой личной подписью (первоначально оформленной эстетическим значением). Так, роль собственного «я» в жизненном пути: «все возможные поступки предопределены индивидуальностью, осуществляют ее» (там же: 229).

Значимость в укреплении текстового единства имеют создаваемые образы «жизненного пути». Отношения «жизнь – литература», «литература – жизнь» создают особый ритм «пути». В данном случае счет шага следующий: «раз, два»; «раз, два». Присутствует четкость шага, уверенность, целеустремленность личности. В свою очередь, ритм, проходящий через все четыре самодостаточные формы текстового пространства, отличается, соответственно, своим счетом: «раз, два, три четыре». Данный ритм пути выступает свидетельством дороги целеустремленной, сложной, трудной, тяжелой. Каждые создаваемые жанровые формы текстового единства становятся, тем самым, основанием последующему.

На развитие авторской художественной идеи смыслового пространства в жанре «от издателя» направлена создаваемая образность самодостаточного содержания. В развитии организуемой образности участвуют четыре надписи в форме эстетического значения слова, дарственной надписи, эпиграфа, эпитафии с содержанием авторской языковой оценки.

Форма образа определяется конечной надписью, представляющей собой эпитафию, реализуя, при этом прямое значение памятника. Образ «как драгоценный памятник» оформляется на основе четких этапов создания произведения искусства. Видится нами следующая последовательность.

Первый шаг. В качестве основания памятника кладется надгробная «плита» самая мощная. Эта первая созданная «плита», вбирающая в себя силу последующих трех плит, дающая развитие формам надписи.

Второй шаг. На «плиту – основание» последовательно кладутся имеющиеся три «плиты» одна на другую, представляющие надписи. «Укладка» всех четырех «плит» в своем единстве сопровождается выравниванием слева, укрепляя монолитность памятника, его мощь. Каждая из четырех «плит» слева помечается единым авторским «знаком»: «как драгоценный памятник».

Третий шаг. Создаются особые формы «памятника» справа. На «плите - основании» оформляются три надгробные «плиты», каждая из которых короче предыдущей на единую меру длину, равную длине синтагмы. Каждая из четырех «плит» приобретает собственный вензель, единый, присутствующий справа: «А.П.». Создан образ «как драгоценный памятник».

Определяется «драгоценность» памятника. Это «как памятник» архитектуры, красивый своими формами и содержанием, Видится монолитный памятник с четкими геометрическими размерами в форме лестницы, возвышающейся вверх, к небесам. Эстетичность памятника поддерживается красотой украшений слева, оформляемыми одно над другим, а также «ручной работой», лежащей в основе создания вензеля (повторяющимся, одинаково красивым). «Драгоценность» памятника и в его особенности, неповторимости, уникальности как результата авторской работы. Определяется авторский прием, который воспринимается как «налево – направо». Более того, увеличивается ценность, «драгоценность» памятника его стариной и именем автора.

Закономерно, образность смыслового пространства имеет функциональную значимость в развитии авторской художественной идеи. Дорога жизни представляется особенной, уникальной, определяемой самой личностью. Жизненный путь становится целенаправленным, при четкости и определенности каждого шага. Жизнь автора видится красивой, мощной, яркой, насыщенной.

Данный «как драгоценный памятник» ведет к ассоциациям «памятника», образ которого создан поэтическим текстом А.С. Пушкина в 1836 году. Говорим, несомненно, об известном «памятнике нерукотворном»: «Я памятник воздвиг себе нерукотворный, К нему не зарастет народная тропа…». Интересно отметить, что словосочетание «памятник нерукотворный» зафиксирован в качестве индивидуально-авторской лексики в «Словаре крылатых выражений Пушкина» (Мокиенко. 1999: 458).

Словосочетание «как драгоценный памятник» принимает значимость авторского устойчивого словосочетания, ведя к раскрытию индивидуального стиля А.С. Пушкина. «Памятник» (согласно Словарю языка Пушкина) в языке автора имеет частоту употребления: «79» (СЯП, 2000. т.4: 286). Почти половина употребления данной лексической единицы в произведениях А.С. Пушкина соотносится с прямым значением «памятника». В значении «архитектурное или скульптурное сооружение, воздвигнутое в честь или в память какого-нибудь события или лица» языковая единица «памятник» зафиксирована с частотностью употребления «39» (там же). «Памятник» в подобном случае может принимать форму «надгробия на могиле» (там же).

В качестве второго семантического значения «памятника» отмечается «сооружение, постройка, свидетельство прошлого, как память о каких-нибудь исторических событиях, лицах» (там же). Данное развитие семантического содержания (с частотой употребления 28) предполагает «вообще то, что служит напоминанием о ком-нибудь, о чем-нибудь, свидетельством чего-нибудь» (там же). В этом плане разграничивается «вещь, хранимая на память о ком-нибудь, о чем-нибудь, памятка» (там же).

Фиксируется и с частотой «12» семантическое содержание «памятника» в индивидуальном стиле писателя как «произведение письменности прошлых лет» (там же).

Обращение к произведению А.С. Пушкина «От издателя» в качестве эстетического объекта дает возможность расширить место языковой единицы «памятник» в языковой системе писателя. Во-первых, «памятник» в словосочетании «как драгоценный памятник»: уникальное, ценное произведение прошлых лет; авторская оценка «жизнеописания покойного автора»; идеологически-образное эстетическое значение.

Во-вторых, «памятник» в словосочетании «как драгоценный памятник»: ценная дарственная вещь, хранимая в память покойного автора; в форме дарственной надписи. В-третьих, «памятник» в словосочетании «как драгоценный памятник»: знак «поминания и памяти» в честь «жизнеописания покойного автора» как достояния национальной культуры в форме эпиграфа. В-четвертых, «памятник» в словосочетании «как драгоценный памятник»: надгробная надпись авторского сооружения, созданного в честь «поминания и памяти».

В свою очередь, определение параметров индивидуально-авторской эстетически значимой структуры связано с особенностями жанрово-стилистической организации текстового единства. Четырехкратное оформление завершенных смысловых кусков (собственно жанровое пространство «от издателя», дарственная надпись, эпиграф, эпитафия) демонстрирует особое качество эстетически значимой структуры: самодостаточность смыслового содержания. При этом имеем в виду самодостаточность смысловых кусков, развивающих эстетически значимую структуру на основе семантико-смысловой связи авторских языковых единиц.

2.4. Надпись как жанрообразующий фактор завершенности эстетически значимой структуры

Завершенность эстетически значимая структура, получившая в своем развитии четыре самодостаточных текстовых пространств, приобретает на основе «примечаний», которые отличают авторское произведение «От издателя». В данном случае в качестве смыслового содержания, отражающего реалии действительности, определяется следующий смысловой кусок:

«Выписываем для любознательных изыскателей. Рукою автора надписано».

Краткость формы, смысловое содержание ведет к пониманию жанровых форм, фиксируемых «рукою автора». Оформлена «надпись», примыкающая к предыдущим трем надписям: дарственная надпись, эпиграф, эпитафия.

В свою очередь, приобретенная конечная «надпись» отличается собственной функциональной значимостью. Прежде всего, сигнализируется завершенность высказывания (оформленная единством предтекстовых самодостаточных пространств). В этом плане конечное сообщение «надписи» - «рукою автора надписано» - воспринимается в качестве подписи, завершающей повествовательное пространство.

Вместе с тем, данное сообщение («рукою автора надписано») укрепляет достоверность созданного смыслового единства. Видятся заверения, указываемые достоверность авторства, верности изложенных фактов. Подпись «рукою автора» создает изложенному материалу официально подтвержденную основу.

Более того, «надпись» определяет адресата. Особая адресация смыслового пространства указывается в препозиции «надписи»: «для любознательных изыскателей». В современном русском литературном языке «любознательный» понимается как «стремящийся к приобретению новых знаний», «пытливый» (БТС. 18: 10). Номинация лица «изыскатель» соотносится тем, кто, соответственно, «занимается изысканиями», а именно «предварительными исследованиями с целью использования их» (там же: 386). Тем самым, имеющаяся надпись - «Выписываем для любознательных изыскателей. Рукою автора надписано» - не только завершает смысловое повествование, но и устанавливает перспективы последующего речевого высказывания, очерчивая предтекстовое содержательное пространство. Сохраняется при этом достоверность фактов, усиливается эмоциональное восприятие смыслового содержания, получаемого от самого автора.

Однако имеется и последующая эстетическая ценность созданной надписи. Значимость приобретает начальное слово, передаваемое действие: «выписываем». Данное действие предполагает «краткое изложение, перечень» (Даль. т. 1: 306).

«Выписать» соотносится с официальной сферой общения, указывая на достоверность фактов. «Выписать»: «составить, написать какой-либо документ» (БТС. 1998: 177).

«Выписать», вместе с тем, вбирает в себя и качество действия. «Выписать»: «написать или изобразить старательно, искусно, тщательно» (БТС. 1998: 17). Так, создаваемое смысловое пространство приобретает красоту, изящество своим содержанием и формами; «изыск» (как «претенциозное новшество» БТС. 1998: 386) в качестве отражение индивидуально-авторского, «ручной» работы («рукою автора»).

Устанавливаемая перспектива развития смыслового пространства отражает основополагающее качество эстетического объекта в его реализации. Говорим о телеологии эстетического объекта, которая усиливается образностью смыслового единства «как драгоценный памятник».

Таким образом, известное самоценное произведение А.С. Пушкина «От издателя» способно развивать свою эстетическую ценность в самодостаточном смысловом пространстве как отражение реализации эстетического объекта. Данная эстетически значимая структура, отличается завершенностью, устанавливая перспективы развития самодостаточного текстового пространства.

При этом полагаем самодостаточность эстетически значимой структуры в целом. Тем самым, параметр самодостаточность соотносится с завершенностью смысловых целых текстового пространства, а также завершенность смыслового единства с точки зрения ее жанровой организации, смыслового выражения.

Самодостаточность эстетически значимой структуры (как результат развития эстетического объекта) ведет к пониманию второго основополагающего параметра, созданного авторского текстового пространства. Речь идет о самоценности данного самодостаточного смыслового содержания, определяемой на основе жанровой принадлежности эстетически значимой структуры. Самоценность (самозначимость) приобретенной нами эстетически значимой структуры в ее предназначенности в качестве текстового пространства в жанре «от издателя» последующего «жизнеописания покойного автора».

Итак, самодостаточность и самоценность эстетически значимой структуры обусловливает наличие третьего параметра данного авторского текстового пространства, определяемого как эмотивность повествования. Данная особенность связана с развиваемой особой тональностью, которая пронизывает самоценное текстовое пространство. Жанр посттекстового прозаического пространства («жизнеописание покойного автора»), функционально-стилистические параметры самодостаточных смысловых кусков с личной подписью «покойного автора» (дарственная надпись, эпиграф, эпитафия), а также создаваемый образ «памятник» с надгробной надписью на вершине его обусловливает развитие тональности «поминания и памяти».

Однако к какой научной дисциплине принадлежит авторская эстетически значимая структура? «Установить объект науки, это значит, в то же время,- установить ее метод»,- справедливо отмечал В.В. Виноградов касательно базовых основ методологических исследований (Виноградов. 1971: 29). Иначе говоря, установить объект – это значит «отграничить его от «случайной примеси других наук», «от всех чуждых элементов»,- замечал А.Б. Муратов,- «и отчетливо сформулировать основные категории и понятия, соответствующие данному объекту изучения, определив, при этом, каковы должны быть предпосылки для построения именно данной научной дисциплины» (Муратов. 1998: 6).

Определить место самоценной эстетически значимой структуры А.С. Пушкина в качестве предмета научных дисциплин позволяет особенности развития эстетического объекта, параметры приобретаемого текстового пространства. Самоценное смысловое единство «от издателя» выступает в качестве уникального смыслового пространства, инварианта, создаваемого на основе авторского текста. Возможность развития нового текстового пространства возможно благодаря индивидуальному слову А.С. Пушкина, лексико-синтаксической организации, семантико-стилистической содержательности языковых единиц. Эстетически значимая структура автора выступает, тем самым, предметом осмысления такой области научной дисциплины, как индивидуальный стиль писателя. Вместе с тем, «индивидуальное» понимаем как единство «общего» и «особенного» (Ларин. 1974; Поцепня. 1997).

Эстетически значимая структура «От издателя» А.С. Пушкина, отражая единство общих научных положений и особенных проявлений, демонстрирует, вполне закономерно, превалирование индивидуально-авторских стилевых качеств. В этом плане создание нового самоценного текстового пространства на основе авторского произведения находит отражение в обще эстетических положениях. Известны положения касательно возможностей появления эстетически значимой структуры на основе «словесного ряда», определяемого творческой установкой автора (Энгельгардт, 1995). Однако создание осмысливаемого нами текстового единства отличается развитием «эстетического» на основе «эстетического».

Во-вторых, возможности развития эстетической значимости известного авторского текста, при этом, обусловлены семантико-смысловой связью языковых единиц. В основе приобретения эстетически значимой структуры лежит лингвистическое правило осуществления эстетического объекта, предполагающее «плеонастическое сочетание сходнозначных элементов» с учетом «семантической синонимии» (Ларин, 1974).

Эстетически значимая структура А.С. Пушкина демонстрирует расширение лингвистических правил развития эстетического объекта. Самоценное смысловое пространство «От издателя» реализуется на основе движения семантико-смысловых языковых единиц, раскрывающих устанавливаемый мотив («хлопоты об издании»). Индивидуально-авторское, при этом, сигнализируется центральным в развитии мотива семантико-смысловой доминантой, передающим творческую установку автора, его желание («мы желали присовокупить хотя краткое жизнеописание»).

В-третьих, развитие первого самодостаточного смыслового содержания, соответствующего жанровым нормам «от издателя» завершается оформлением авторской языковой картиной мира («как драгоценный памятник благородного образа мнений и трогательного дружества, а вместе с тем, как и весьма достаточное биографическое известие»). Категория, представляющая идеологически-образное видение автора относительно «жизнеописания покойного автора», вполне уместна в качестве оценочного языкового выражения в текстах данного жанра. В лингвистической литературе авторская языковая картина мира соотносится с эстетическим значением слова, очерчивающим самодостаточное смысловое пространство.

В осмысливаемой нами эстетически значимой структуре «От издателя» языковое мировидение автора принимает на себя функцию жанрообразующего фактора, давая развитие последующим самодостаточным смысловым кускам текстового единства. Эстетическое значение слова становится основой развития последующего содержания в форме дарственной надписи, эпиграфа, эпитафии. При этом определяется устойчивый авторский стилистический прием, представляющий собой сокращение синтагматических связей при расширении смыслового пространства. Так, действенность авторской языковой картины мира вбирает в себя лингвистические, литературоведческие параметры, а так же особенности функциональной стилистики.

В-четвертых, индивидуально-авторская языковая система приводит к созданию образа, развивающего художественную идею. Развитие образных полей является типичным стилистическим приемом автора в литературоведческих исследованиях. Вместе с тем, следует отметить уникальность образа, развиваемого на основе эстетически значимой структуры

А.С. Пушкина, оформляемого «как драгоценный памятник» в форме лестницы, возвышающейся к небесам.

В-пятых, создаваемая тональность любого текстового пространства закономерна и естественна. Рассмотрение особенностей тональности повествования авторских произведений типично в литературоведческом плане.

Итак, развитие эстетической значимости «От издателя» А.С. Пушкина в качестве приобретения нового смыслового пространства считаем предметом научного анализа индивидуального стиля писателя. Вместе с тем, создание самоценного текстового пространства выступает в нашем представлении результатом необходимого единства языковых дисциплин. Актуальным выступает переплетение лингвистических категорий, литературоведческих параметров, эстетических оснований.

Жанровое оформление самоценное авторского текстового пространства отражает («от издателя») завершенность данного эстетически значимого образования, полагая последующее развитие смыслового пространства. Тем самым, приобретенное самодостаточное смысловое содержание есть завершенная открытая структура.

Заключение

Внешние параметры текста – его название («От издателя»), авторское оформление даты (14 сентября 1830 года) – позволяет говорить о законченном самостоятельном произведении А.С. Пушкина периода «первой Болдинской осени». Вместе с тем, название текста, известная функция в качестве вступительного слова к «Повестям И.П. Белкина» соотносит «От издателя» с текстом публицистического характера, обслуживающего язык художественной литературы.

В свою очередь, данный публицистический текст выступает образцом уникального индивидуального стиля А.С. Пушкина. Языковая организация ведет к постоянно развивающимся пластам смыслового содержания, расширению жанровых возможностей, реализации новой самодостаточной эстетически значимой структуры.

Устанавливаемый хронотоп смыслового содержания, исходящий от слова текста со значением времени, в единстве с указанием адресата («ныне публике») ведет к двум планам восприятия текстового пространства в качестве лида «Повестей И.П. Белкина». Для «ныне публике» - широкого круга читателей начала 19 века – содержательно-языковая организация направлена на получение правдивого смыслового единства, правдивых фактов действительности, приобретаемых «от издателя А.П.», «от одного почтенного мужа» касательно «жизнеописания покойного автора повестей Ивана Петровича Белкина».

«Ныне публике» - широкого круга читателей нашего времени – «От издателя» представляет собой мастерство А.С. Пушкина в создании правдоподобия, в создании единства вымысла и реальности. Более того, данная ценность публицистического текста перспективна для новой «ныне публике».

Определяется и самоценное смысловое пространство, отражающее правдивость повествования, творческую установку А.С. Пушкина, мировидение автора. «От издателя» в подобном случае выступает в качестве эстетического объекта, реализуя лингвистические принципы осуществления эстетически значимой структуры. Создаваемое при этом текстовое пространство своим содержательно-смысловым наполнением отражает функционально-стилистические параметры текста жанра «от издателя».

Приобретаемое эстетическое значение слова, отражающее авторскую языковую картину мира, ведет к последующим самодостаточным пространствам. Последовательно приобретаются малые литературные формы: дарственная надпись, эпиграф, эпитафия.

Реализация данного эстетического объекта демонстрирует, при этом, сужение текстового пространства при расширении жанровых возможностей, функциональную значимость каждого слова, приобретение самоценных смысловых акцентов, развитие экспрессивного плана восприятия смыслового содержания.

Реализация смыслового пространства на основе лингвистических правил отражает, вместе с тем, обще эстетические положения, позволяющие осмыслить уникальность авторской творческой лаборатории. Имеется в виду принцип «нравственного долженствования». Согласно данному обще эстетическому принципу «будущее время» понимается как конкретная «смысловая категория». Основой реализации данного принципа выступает единство «долженствования» и «желания» личности.

Развитие малых литературных форм в авторском смысловом пространстве («от издателя», дарственная надпись», «эпиграф», а также «эпитафия»), «надписи» находит осмысление в обще эстетическом положении единства «литературы и жизни».

Обращение к рассматриваемому произведению А.С. Пушкина ведет к очерчиваемому научно-категориальному аппарату, вбираемому такие понятия, как «самоценность текстового пространства», «самодостаточность смыслового содержания», «творческая установка автора», семантико-смысловые языковые единицы, эстетический объект, завершенная открытая эстетически значимая структура.

Приобретается новое смысловое пространство, беспрецедентное своим смысловым содержанием и эстетически действенным словом. Рассматриваем реализуемое эстетически самоценное пространство в качестве лида эстетически значимой структуры, развиваемой на основе многожанровых произведений А.С. Пушкина периода «первой Болдинской осени». При этом, ближайшими межтекстовыми связями выступает эпистолярное пространство, реализуемое на базе текстов частных писем невесте, ее родственнику А.Н. Гончарову, а также близкому другу П.А. Плетневу.

Источники:

1. Болдинская осень. Стихотворения, поэмы, маленькие трагедии, повести, сказки, письма, критические статьи, написанные А.С. Пушкиным в селе Болдине Лукояновского уезда Нижегородской губернии осенью 1830 года. М., 1974

Словари:

1. Большой толковый словарь русского языка. М., 1998
2. Даль В.И. Толковый словарь живого великорусского словаря: Т. 1-4.- М., 1998
3. Лингвистический энциклопедический словарь. М., 1990
4. Мокиенко В.М., Сидоренко К.П. Словарь крылатых выражений Пушкина. СПб, 1998
5. Словарь языка Пушкина: в 4-х томах.- М., 2000

Литература:

1. Бахтин М.М. Работы 1920-х годов.- Киев, 1994
2. Бахтин М.М. Вопросы литературы и эстетики.- М., 1975
3. Виноградов В.В. О теории художественной речи. М., 1971
4. Ларин Б.А. Эстетика слова и язык писателя.- Л., 1974
5. Ларин Б.А. О разновидностях художественной речи (Семантические этюды). Л., 1974
6. Лотман Ю.М. Пушкин. СПб, 1995
7. Муратов А.Б. «Эстетика слова» в трудах В.В. Виноградова и Б.А. Ларина / Материалы ХХУ11 межвузовской научно-методической конференции преподавателей и аспирантов. Выпуск 2. Секция стилистики русского языка.- СПб, 1998. С.- 12
8. Поцепня Д.М. Образ мира в слове писателя. СПб, 1997
9. Шмид В. Проза Пушкина в поэтическом прочтении: «Повести Белкина». СПб, 1996
10. Энгельгардт Б.М. Избранные труды. М., 1999

I want morebooks!

Покупайте Ваши книги быстро и без посредников он-лайн - в одном из самых быстрорастущих книжных он-лайн магазинов! Мы используем экологически безопасную технологию "Печать-на-Заказ".

Покупайте Ваши книги на
www.morebooks.de

Buy your books fast and straightforward online - at one of the world's fastest growing online book stores! Environmentally sound due to Print-on-Demand technologies.

Buy your books online at
www.morebooks.de

OmniScriptum Marketing DEU GmbH
Bahnhofstr. 28
D - 66111 Saarbrücken
Telefax: +49 681 93 81 567-9

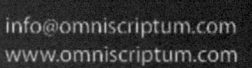
info@omniscriptum.com
www.omniscriptum.com

Printed by Books on Demand GmbH, Norderstedt / Germany